新型土木工程材料及检测

李双营　邵亚飞　编著

東北林業大學出版社
Northeast Forestry University Press
·哈尔滨·

图书在版编目（CIP）数据

新型土木工程材料及检测 / 李双营，邵亚飞编著．
哈尔滨 ：东北林业大学出版社，2024. 6. -- ISBN 978
-7-5674-3612-1

Ⅰ. TU5

中国国家版本馆 CIP 数据核字第 2024063PH8 号

责任编辑： 马会杰
封面设计： 骏图工作室
出版发行： 东北林业大学出版社（哈尔滨市香坊区哈平六道街 6 号　邮编：150040）
印　　装： 三河市悦鑫印务有限公司
规　　格： 787 mm×1092 mm　16 开
印　　张： 7.75
字　　数： 181 千字
版　　次： 2024 年 6 月第 1 版
印　　次： 2024 年 6 月第 1 次印刷
书　　号： ISBN 978-7-5674-3612-1
定　　价： 30.00 元

前　言

新型土木工程材料的发展是科技进步和工程需求变化的必然结果。随着社会对建筑性能要求的提高，传统的土木工程材料已无法满足现代建筑工程的需求。因此，新型材料的研究与应用成为土木工程领域的重要趋势，新型材料在节能、环保、高效等方面表现出传统材料无法比拟的优势。

新型土木工程材料的推广和应用，离不开严格的检测和评估，材料检测不仅确保了工程的质量和安全，也推动了材料科学的进步。通过实验课、实践教学等手段，提高学生和从业人员的检测能力和技术水平，对于新型土木工程材料的普及至关重要。未来，新型土木工程材料的发展将更加注重环保、可持续性和智能化。同时，材料检测技术也将朝着更高效、更精确的方向发展，以满足日益严格的工程质量和安全标准。先进的检测技术是理解新型土木工程材料本质的必要手段，为推动建筑行业科学与技术进步提供了基础。

本书包括绪论，磷酸镁胶凝材料、氯氧镁胶凝材料，3D打印混凝土，纤维复合材料及工程应用，X射线物理基础，扫描电子显微镜物理基础，电化学工作站原理，核磁共振的测试方法共八章内容。

本书可以作为土木工程材料方向本科或研究生的教材，以及相关专业研究者的参考书，由于作者水平有限，书中难免出现疏漏之处，敬请读者批评指正。

作　者

2024年3月

目　录

第一章　绪　论 ………………………………………………………………………… (1)
1.1　土木工程材料概念 ……………………………………………………………… (1)
1.2　土木工程材料简史 ……………………………………………………………… (1)
1.3　土木工程材料分类 ……………………………………………………………… (3)
1.4　现代土木工程材料的发展趋势 ………………………………………………… (5)
第二章　磷酸镁胶凝材料、氯氧镁胶凝材料 …………………………………………… (6)
2.1　磷酸镁胶凝材料、氯氧镁胶凝材料概念和配合比设计 ……………………… (6)
2.2　不同胶凝材料对磷酸镁、氯氧镁性能的影响 ………………………………… (11)
2.3　磷酸镁胶凝材料、氯氧镁胶凝材料的力学性能 ……………………………… (17)
2.4　磷酸镁胶凝材料、氯氧镁胶凝材料的发展前景 ……………………………… (21)
第三章　3D打印混凝土 ………………………………………………………………… (24)
3.1　3D打印混凝土的性能 ………………………………………………………… (24)
3.2　3D打印混凝土的材料和配合比设计 ………………………………………… (28)
3.3　3D打印混凝土的配筋、标准等问题 …………………………………………… (30)
3.4　3D打印混凝土的应用实例 …………………………………………………… (33)
3.5　3D打印混凝土的研究和应用面临的挑战 …………………………………… (37)
第四章　纤维复合材料及工程应用 …………………………………………………… (42)
4.1　纤维复合材料的性能 …………………………………………………………… (42)
4.2　纤维复合材料在土木工程中的应用形式与设计方法 ………………………… (44)
4.3　土木工程纤维复合材料结构的标准规范 ……………………………………… (48)
4.4　土木工程纤维复合材料结构的研究与应用进展 ……………………………… (49)
第五章　X射线物理基础 ……………………………………………………………… (55)
5.1　X射线的本质 …………………………………………………………………… (55)
5.2　X射线的产生 …………………………………………………………………… (56)
5.3　X射线谱、连续谱、特征谱 ……………………………………………………… (58)
5.4　X射线与物质的相互作用 ……………………………………………………… (60)

5.5 X射线的散射……………………………………………………………………………(62)
5.6 X射线的吸收……………………………………………………………………………(63)
5.7 X射线的衰减……………………………………………………………………………(65)
5.8 X射线在土木工程中的应用………………………………………………………………(66)
第六章 扫描电子显微镜物理基础 ………………………………………………………………(69)
6.1 电子束与固体样品作用时产生的信号……………………………………………………(69)
6.2 背散射电子………………………………………………………………………………(71)
6.3 扫描电子显微镜的结构…………………………………………………………………(74)
6.4 扫描电子显微镜的工作原理……………………………………………………………(76)
6.5 扫描电子显微镜的主要性能……………………………………………………………(78)
6.6 扫描电子显微镜的成像原理与应用……………………………………………………(81)
第七章 电化学工作站原理 ……………………………………………………………………(86)
7.1 电化学工作站的工作原理………………………………………………………………(86)
7.2 电化学阻抗法的测试原理………………………………………………………………(91)
7.3 极化曲线在土木工程检测中的应用……………………………………………………(94)
7.4 电化学工作站在土木工程中的应用 ……………………………………………………(101)
第八章 核磁共振的测试方法 …………………………………………………………………(107)
8.1 核磁共振的工作原理 ……………………………………………………………………(107)
8.2 核磁共振在土木工程检测中的应用 ……………………………………………………(108)
参考文献 …………………………………………………………………………………………(116)

第一章　绪　论

1.1　土木工程材料概念

材料是构成各种土木工程建筑的物质基础，是决定工程质量、使用性能、服役寿命和建设成本的关键因素。任何土木工程建筑都是由各种材料组成的，这些材料总称为土木工程材料。在土木工程的总造价中，土木工程材料的费用占40%～60%。不同土木工程材料的物理力学性能、生产成本和使用成本及破坏劣化机制各不相同，正确选择和合理使用土木工程材料对建筑物（或构筑物）的安全性、适用性、经济性和耐久性有着直接的影响。

一般来说，优良的土木工程材料必须具备足够的强度，能够安全地承受设计荷载；自身的质量以轻为宜，以减少下部结构和地基的负荷；具有与使用环境相适应的耐久性，以减少维修费用；用于装饰的材料，应能美化房屋并产生一定的艺术效果；用于特殊部位的材料，例如，屋面材料要能隔热、防水；楼板和内墙材料要能隔声等。除此以外，土木工程材料还应尽可能保证低能耗及环境友好。只有系统掌握土木工程材料的性能及适用范围，才能恰当地应用土木工程材料。

1.2　土木工程材料简史

材料科学和材料本身都是随着社会生产力和科技水平的提高而逐渐发展的。自古以来，我国劳动者在土木工程材料的生产和使用方面取得了许多成就。在上古时期，人类居于天然山洞或树巢中，逐步学会直接从自然界中获取天然材料用作土木工程材料，如黏土、石材、木材等。距今一万多年前，人类进入了新石器时代，人类学会了打造石刀、石斧等简单的工具并开始定居下来，这一时期的房屋多为半地穴式，所使用的材料多为木、竹、苇、草、泥等，墙体多为木骨抹泥，有的还用火烤得极为坚实，屋顶多为茅草和草泥。

从古至今，木材是重要的建筑材料，在古代人类用树枝来建造。中国古代由于木材资源相对丰富，木结构建造技术曾在世界建筑史上独树一帜，木结构在中国古代寺庙、皇家宫殿和居民建筑中被大量应用。

随着人类生产工具的进步，取材能力增强，人们开始使用天然构筑物。例如，石材不仅用来建造传统建筑物，还用于修筑桥梁，建于隋炀帝大业年间世界上最古老的石拱桥就是坐落于河北省赵县的赵州桥。

土是人类最早使用的天然胶凝材料，大约在公元前800年人们就开始使用日晒土坯砖（黏土加水成泥，成型后用太阳晒干）修建构筑物。古埃及人采用尼罗河的泥浆砌筑未经煅烧的土坯砖，为增加强度和减少收缩，在泥浆中还掺入沙子和草。烧土制品是人类最早加工制作的人工建筑材料，烧土制品的出现使人类建造房屋的能力和水平跃上了新台阶。我国从西周时期开始出现的烧结黏土砖瓦，到秦汉时期已经成为最主要的建筑材料，因此有“秦砖汉瓦”之说。18～19世纪，资本主义兴起促进了工商业及交通运输业的蓬勃发展，原有的土木工程材料已不能与此相适应，在其他科学技术飞速发展的推动下，土木工程材料进入了新的发展阶段，钢材、水泥、混凝土及其他材料相继问世，为现代土木工程建筑奠定了基础。进入20世纪后，由于社会生产力突飞猛进，以及材料科学与工程的形成和发展，土木工程材料不仅性能和质量不断提高，而且品种不断增加，以有机材料为主的化学建材异军突起，一些具有特殊功能的新型土木工程材料，如绝热材料、吸声隔声材料、耐热防火材料、防水抗渗材料以及耐磨、耐腐蚀、防爆、防辐射材料和其他环保材料等应运而生。

改革开放以来，随着经济的发展和城市化脚步的加快，我国的土木工程迅速发展并取得了举世瞩目的辉煌成就。当前，我国交通、水利、能源、通信等基础设施和构筑物的建设规模和速度位居世界第一，为国民经济持续健康发展打下坚实基础。高速铁路、特大桥隧、离岸深水港、巨型河口、大型机场、水工大坝、油气工程、核电工程等重大基础设施逐渐迈入世界领先行列。例如，在桥梁工程方面，我国在宽阔的长江、黄河、珠江上相继建设了多座路江大桥和路海大桥。港珠澳大桥、苏通大桥等一批桥梁工程的建设创造了多个世界之最。在高速铁路建设方面，我国“四纵四横”高铁网已经提前建成运营，“四纵四横”高铁网正在不断延展，长三角、珠三角、京津冀三大城市群高铁已连成网，东部、中部、西部和东北地区四大板块实现高铁互通，不仅极大地方便了旅客出行，而且打开了广大人民群众旅行的新空间，受到越来越多人的青睐，正在改变中国人的出行方式，助推中国经济社会持续健康发展。我国城市发展也进入了崭新的阶段，城市规模和人口数量都有了飞速的发展。

为不断满足社会经济发展以及人民生活水平提高的需求，需要建设更多现代化的土木工程。然而，一方面现代土木工程的发展面临能源短缺，环境负荷重，部分工程自然条件严苛的严峻挑战；另一方面现代土木工程也面临更快、更好的建设要求以及更高、更大、更深的空间拓展需求。为此，要确保现代土木工程的建设质量和使用功能，更好地服务于人类活动、促进人类社会可持续发展和人与自然的和谐共生，更需要开发和应用高性能、绿色的现代土木工程材料,以肩负起人类可持续发展的重任。

1.3 土木工程材料分类

1.3.1 土木工程材料的主要分类

(1)按化学组成分类

土木工程材料按化学组成不同,通常可分为无机材料、有机材料及复合材料三类,具体见表 1-1。

表 1-1 化学组成分类

分类			实例
无机材料	金属材料	黑色金属	钢、铁及合金、合金钢、不锈钢等
		有色金属	铝、铜、铝合金等
	非金属材料	天然石材	砂、石及石材制品等
		烧土制品	黏土砖、瓦、陶瓷制品等
		胶凝材料及制品	石灰、石膏及其制品,水泥及混凝土制品,人造石材等
		玻璃	普通平板玻璃、特种玻璃等
		无机纤维材料	玻璃纤维、矿物棉等
有机材料	植物材料		木材、竹材、植物纤维及其制品等
	沥青材料		煤沥青、石油沥青及其制品等
	合成高分子材料		塑料、涂料、胶黏剂、合成橡胶、土工合成材料等
复合材料	有机与无机非金属材料复合		聚合物混凝土、玻璃纤维增强塑料等
	金属与无机非金属材料复合		钢筋混凝土、钢纤维混凝土等
	金属与有机材料复合		聚氯乙烯钢板、有机涂层铝合金板等

(2)按使用功能分类

根据材料的使用功能,土木工程材料可分为承重结构材料、非承重结构材料及功能材料。

①承重结构材料主要指梁、板、柱、基础、承重墙体和其他主要起承受荷载作用的材料。材料的力学性能和变形性能是土木工程对结构材料所要求的主要技术性能,这些性能的优劣决定了工程结构的安全性与可靠性。

②非承重结构材料主要包括框架结构的填充墙、内隔墙和其他围护材料。

③功能材料主要有防水材料、防火材料、装饰材料、防腐材料等，这些功能材料的选择使用是否科学合理，往往决定工程的可靠性、适用性以及美观性等。

(3)按使用部位分类

按照使用部位分类，常用的土木工程材料主要有建筑结构材料、桥梁结构材料、水工结构材料、路面结构材料、建筑墙体材料、表面装饰与防护材料、屋面或地下防水材料等。土木工程的部位不同，各自的技术指标要求就不同，对所使用材料的主要性能要求也会有所差别。

1.3.2 土木工程材料的标准

作为有关生产、设计应用管理和研究机构应共同遵循的依据，几乎所有的土木工程材料都有由专门机构制定并颁布相应的技术标准。为确保土木工程材料的质量，保证现代化生产和科学管理，必须对材料产品的各项技术制定统一的执行标准。这些标准一般包括产品规格、分类、技术要求、检验方法、验收规则、标志、运输和储存注意事项等方面内容。

土木工程材料的标准是企业生产的产品质量是否合格的技术依据，也是供需双方对产品质量进行验收的依据。通过产品标准化就能按标准合理地选用材料，从而使设计、施工实现标准化，同时可加快施工进度、降低造价。

(1)标准的类别

世界各国对土木工程材料的标准化都非常重视，均有自己的国家标准，如美国的ASTM 标准、德国的 DIN 标准、英国的 BS 标准、日本的 JIS 标准等。另外，还有在世界范围统一使用的 ISO 标准。目前，我国常用的标准主要有国家标准、行业标准、地方标准和企业标准四类。

①国家标准。国家标准有强制性标准(代号 GB)和推荐性标准(代号 GB/T)。强制性标准是全国必须执行的技术指导文件，产品的技术指标都不得低于标准中规定的要求。推荐性标准又称为非强制性标准或自愿标准，是指生产、交换、使用等方面，自愿采用的一类标准

②行业标准。它是各行业(或主管部门)为了规范本行业的产品质量而制定的技术标准，也是全国性的指导文件，是由主管生产部门发布的，如建材行业标准(代号 JC)、建筑工业行业标准(代号 JC)、冶金行业标准(代号 YB)、交通行业标准(代号 JT)等。

③地方标准。地方标准是地方主管部门发布的地方性技术指导文件(代号 DB)，适于在该地区使用，制定的技术要求应高于类似(或相关)产品的国家标准。

④企业标准。企业标准是由企业制定发布的指导本企业生产的技术文件(代号QB)，仅适用于本企业。凡没有制定国家标准、行业标准的产品均应制定企业标准。而企业标准所定的技术要求应高于类似(或相关)产品的国家标准。

(2)标准的表示方法

标准的表示方法一般由标准名称、部门代号、标准编号和颁布年份等组成，例如《通

用硅酸盐水泥》(GB 175—2007)、《建设用卵石、碎石》(GB/T 14685—2022),又如《普通混凝土配合比设计规程》(JGJ 55—2011)。

1.4 现代土木工程材料的发展趋势

现代土木工程建设的新环境、新标准和新功能对土木工程材料的性能提出了新的要求,为现代土木工程材料的发展指明了方向。

(1)高性能化

研制轻质、高强度、高耐久性、高抗震性、高保温性、高吸声性、优异装饰性及优异防水性的材料,实现结构功能(智能)一体化,对提高建筑物的安全性、适用性、艺术性、经济性及延长使用寿命等有着非常重要的作用。例如,现今钢筋混凝土结构材料自重大(每立方米重约2 500 kg),限制了建筑物向高层、大跨度方向进一步发展。减轻材料自重及尽量减轻结构物自重,可提高经济效益。目前,世界各国都在大力发展高强混凝土、加气混凝土、轻骨料混凝土、空心砖、石膏板等材料,以适应土木工程发展的需要。

(2)智能化

智能化是指材料本身具有自感知、自调节、自清洁、自修复,实现构筑物自我监控的功能,以及可重复利用性。土木工程材料向智能化方向发展,是人类社会向智能化发展过程中降低成本的需要。

(3)复合与多功能化

利用复合技术生产多功能材料、特殊性能材料及高性能材料,对于提高建筑物的使用功能、经济性及加快施工速度等有着十分重要的作用。

(4)生产工业化

生产工业化是指应用先进施工技术,改造或淘汰陈旧设备,采用工业化生产技术,使产品规范化、系列化。

(5)节能与绿色化

随着我国墙体材料革新和建筑节能力度的逐步加大,建筑保温、防水、装饰装修标准的提高及居住条件的改善,对土木工程材料的需求不仅仅是数量的增加,更重要的是产品质量与档次的提高及产品的换代更新。随着人们生活水平和文化素质的提高,以及自我保护意识的增强,人们对材料功能的要求日益提高,要求材料不但要有良好的使用功能,而且无毒,对人体健康无害,对环境不会产生不良影响,即所谓的绿色建材。

(6)严酷环境空间利用化

现代中国人口多,人口密度大,导致楼层越来越高,建筑更加拥挤。开发严酷环境(如超深海洋、严寒高原等)空间可以缓解此类问题,这些都建立在土木工程材料在严酷环境下能正常使用的基础之上。

第二章 磷酸镁胶凝材料、氯氧镁胶凝材料

2.1 磷酸镁胶凝材料、氯氧镁胶凝材料和配合比设计

2.1.1 磷酸镁胶凝材料概念

磷酸镁胶凝材料(magnesium phosphate cement, MPC),最早在1939年被Prosen发现并用于铸造行业中。磷酸镁胶凝材料又称为化学结合磷酸盐胶凝材料(chemically bonded phosphate cement, CBPC)。磷酸镁胶凝材料具有强度生成早、强度高、黏结性好、耐久性好、体积稳定性好、环境温度适宜性强、pH值低、与纤维的相容性好、与生物相容性好等优点,因此,在建筑材料、耐高温材料、封固废料、深层油井固化、生物骨黏结材料等方面呈现出广阔的应用前景,已成为国内外学者关注的研究热点之一。

磷酸镁胶凝材料是以重烧氧化镁(MgO)、可溶性磷酸盐、缓凝剂及部分矿物掺合料为主要组分,加水后发生酸碱反应而快速凝结硬化产生强度的一种特种胶凝材料。其基本反应原理是通过酸碱组分水解后相互反应形成了起胶结作用的磷酸盐类胶凝组分,而此类胶凝材料的研究最早可以追溯到19世纪中期酸-碱水泥(acid-base cements,AB)的出现与发展。最初酸-碱水泥主要是针对牙科材料严格的性能要求而研发的,与传统的石膏、硅酸盐水泥相比,其在快速凝结、高强度、抗侵蚀能力方面具有显著的优势,且更易与金属及其他活性基材牢固黏结。经历了近百年的探索阶段,人们发现重烧MgO与磷酸或其他含有P_2S的可溶性磷酸盐制备的水泥胶凝性好、基体性能稳定,是酸-碱水泥酸碱组分最佳的组合之一,这一类胶凝材料便是最初的磷酸镁胶凝材料基材料。

2.1.2 磷酸镁胶凝材料配合比设计

磷酸镁胶凝材料通常由重烧MgO、磷酸盐以及缓凝剂按一定比例反应制成,这一比例对磷酸镁胶凝材料体系水化反应有着较大的影响。其中重烧MgO相对于磷酸盐应是

过量的，过量的重烧 MgO 作为体系的骨架或堆积料而存在，对固化体强度的提高和稳定是有益的，但二者配比必须满足一定的要求。如果体系中重烧 MgO 含量太少，材料固化后酸性组分未完全反应，固化体中就留有可溶性盐，材料强度衰减太快，并且磷酸盐含量过多会导致固化体开裂而丧失强度，不适合使用；相反，如果重烧 MgO 过量太多，反应速度太快，导致放热温峰过高，凝结时间缩短，操作区间太小，不利于实际施工，所以选择合适的酸碱配比是很重要的。近年研究多以 MgO 和磷酸盐的物质的量的比进行配料计算，普遍认为最佳物质的量的比为(4∶1)～(5∶1)。早期的研究以质量比来进行配料，但是由于水化反应的化学反应特性，以物质的量的比配料显得更为合理一些。

用水量是影响反应的一个重要因素，不同的用水量对反应产物影响较大，从而对磷酸镁胶凝材料的物理和力学性能产生较大影响。原料配比对浆体耐水性影响显著，浆体中反应剩余磷酸盐是主要影响因素，磷酸盐含量越高，耐水性越差，水溶液 pH 值对磷酸镁胶凝材料的稳定性有直接影响。水养条件下水化浆体的水化产物含量明显降低，磷酸镁胶凝材料浆体孔隙率明显增大。磷酸镁胶凝材料体系耐水性差的原因是少量未反应的磷酸盐溶出，改变了溶液的 pH 值，导致主要水化产物$MgKPO_4 \cdot 6H_2O$在酸性环境下水解，体系孔隙率大大提高，从而使强度迅速降低。掺加一定量的聚合物乳液可以降低磷酸镁胶凝材料砂浆吸水率，改善耐水性，其中粉煤灰、聚合物乳液复合改性磷酸镁胶凝材料砂浆耐水性明显改善，30 d 淡水养护抗压强度损失仅为 12.4%，远远低于改性之前的磷酸镁胶凝材料砂浆强度损失。研究表明，用水量少时，水化体系中含有较多的水化凝胶和结晶不完整的晶体，而加水量多时，水化体系晶体含量增加，结晶更加完整，晶体尺寸相对增加，但浆体孔隙率增加，力学性能变差。

此外，缓凝剂用量也与体系有着密切关系，根据凝结时间要求调节缓凝剂的用量，一般来说，缓凝剂用量不要太大，5%左右的缓凝剂就可以起到较好的缓凝效果，当然这也与物料的活性有较大关系。

磷酸镁胶凝材料的水化反应分为三个过程：首先，磷酸盐溶于水并电离出H^+，此时溶液呈酸性；然后，MgO 溶于酸性溶液中电离生成Mg^{2+}，并与水分子形成水合镁离子，继而与磷酸根离子发生反应，形成凝胶；最后，饱和凝胶结晶形成连续的网络结构。Soudée 等对磷酸镁胶凝材料的水化反应机理做了进一步直观的解释(图 2-1、图 2-2)。

现在工业上大量生产和应用的镁质胶凝材料(菱苦土)是将菱镁矿经煅烧、破碎、磨细和分级等工序加工而成的。而大型菱镁矿床主要分布在辽宁及山东地区，在中南及西南地区尚少发现开采。在缺乏菱镁矿资源的地区只能考虑用白云石来生产镁质胶凝材料。但以白云石为原料生产的镁质胶凝材料其抗折、抗压强度等性能尚不能满足某些用途的要求。将苛性白云石镁质胶凝材料与菱苦土按一定比例混合后构成复合型镁质胶凝材料，其力学强度等性能可与菱苦土相媲美。镁质胶凝材料已大量用于生产菱镁瓦，也可与廉价的无机调和剂、轻质填料和竹筋配合后浇灌成房屋内部轻质隔墙型材或大型机电设备的包装箱型材等，有人称之为最有希望的代木包装材料，有着广阔的应用前景。目前广西等南方省区大量使用的镁质胶凝材料多数从辽宁或山东购进，其运输费用比较高。倘若在广西等南方省区就地取材生产苛性白云石镁质胶凝材料，则用其生产的产品成本将会大幅度降低。

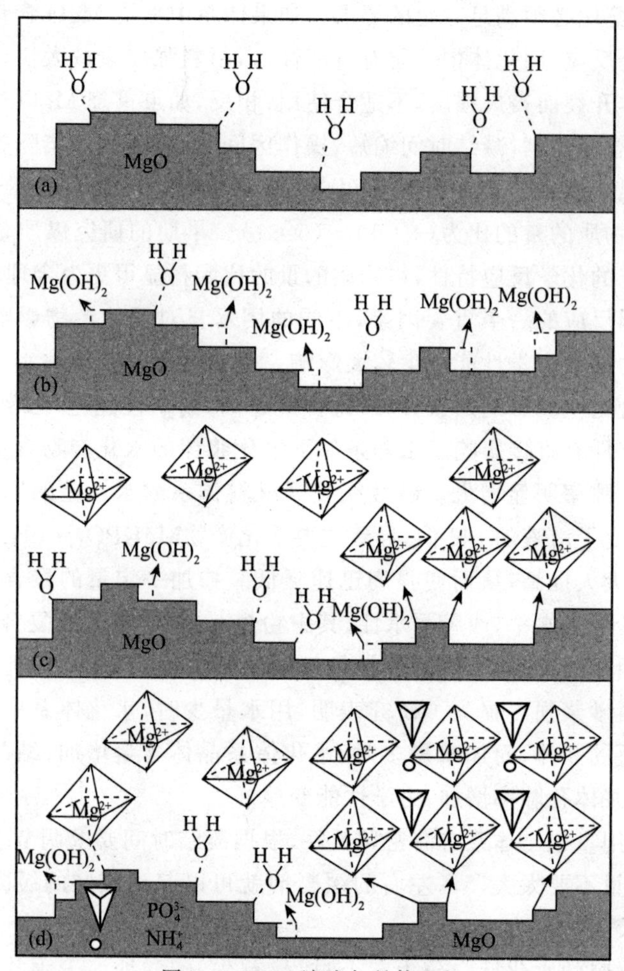

图 2-1　MgO 溶液与晶体生长

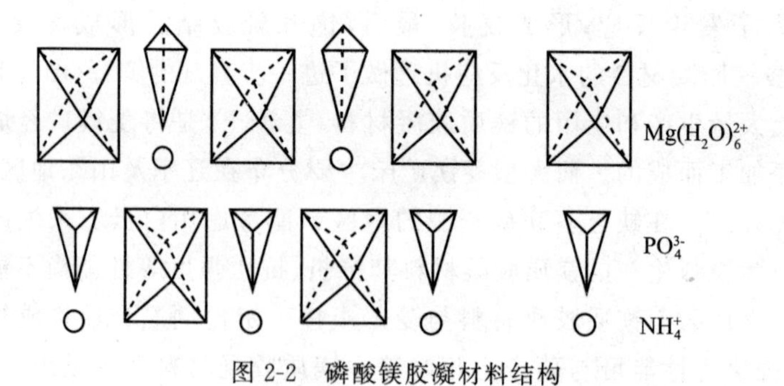

图 2-2　磷酸镁胶凝材料结构

2.1.3　氯氧镁胶凝材料概念

镁质胶凝材料又称镁水泥，1867 年由法国学者 Sorel 首次提出，随着材料科学的迅速发展，该材料近年来已成为建材行业中不可或缺的基本材料。与硅酸盐水泥、硫铝酸盐水泥不同，镁质胶凝材料是一种以 MgO 为主要原料的气硬性胶凝材料，主要包括氯氧镁胶凝材料、硫氧镁胶凝材料和磷酸镁胶凝材料。

氯氧镁胶凝材料又称氯氧镁水泥(magnesium oxychloride cement，MOC)，是一种新型镁质胶凝材料，该胶凝材料由$MgCl_2$、MgO 和 H_2O 按照一定比例混合调配而成，经充分水化形成以$x Mg(OH)_2\ y MgCl_2\ z H_2O$ 为主要成分的气硬性胶凝材料。与其他水泥相比，氯氧镁胶凝材料生产工艺简单，同时具备很多优良的物理力学性质和独特的工程性质，例如，耐火性能强、机械强度高、导热系数低、黏结力强、能耗低及绿色环保等，并且镁质胶凝材料水化体系呈弱碱性，与一些有机材料或无机材料具有很强的黏结力，因此，可以应用于各种镁质胶凝材料的制备。该材料的优异性能使之在装配式建筑、轻质保温墙板、建筑结构加固及修复材料和耐火制品等领域应用广泛。节能和环保是人类社会发展和技术进步活动中两个永恒的主题。氯氧镁胶凝材料的原料轻烧 MgO 粉末是由菱镁石煅烧粉磨后制得的，并且镁盐来自工业副产物，与钙质水泥生产中采用的“两磨一烧”工艺相比，能耗和资源消耗低，对环境的破坏小和污染少。同时，氯氧镁胶凝材料是一种绿色水泥材料，可在较低温度下恢复其水化活性，因此废弃后还可回收利用。然而，随着应用领域的日益扩大，现有的生产技术及性能指标已无法满足不断提高的产品品质要求，耐水性能差、尺寸稳定性不良及制品脆性大等问题已成为限制氯氧镁胶凝材料行业发展的重要问题。因此，在不增加或少增加生产成本的前提下开发出优质氯氧镁胶凝材料，从根本上解决其性能上的不足，不仅可以发挥氯氧镁胶凝材料的优异性能和环保优势，还可以创造可观的经济效益和社会效益。

2.1.4　氯氧镁胶凝材料配合比设计

稳定合格的原材料是确保氯氧镁胶凝材料制品的关键之一，对于原材料的要求如下。

(1)轻烧 MgO

轻烧 MgO 是由菱镁矿石，经过适当高温煅烧后将其磨细到一定细度而制得的。作为氯氧镁胶凝材料制品所用的轻烧 MgO 要注意如下的问题。

①煅烧温度应在 750～850 ℃。

在此温度下 MgO 能获得最大活性，因为此时的 MgO 结构晶格较大，颗粒之间存在较大孔隙和较大的内比表面积，其与$MgCl_2$溶液的反应面积大，速度快，表现在菱镁粉的密度一般在 3.2 g/cm^3 左右。

②细度要求一般为 170 目，切不可低于 120 目。

因为细度大，比表面积也大，增加了反应的接触面，相应表现出较好的力学性能和化学性能，实践证明在同等的制作条件下，170 目的制品强度比 120 目要高出 10%～15%。

③活性 CaO 的含量切不可高于 2%。

因为活性 CaO 水化时，体积膨胀 90%。若存在SO_4^{2-}，当$Ca(OH)_2$转化为石膏时、固体体积将增加 2 倍以上，会导致制品开裂。特别是死烧 CaO 的水化反应是一个很长的过程，会导致制品的后期膨胀产生裂纹或断裂，同时 CaO 的水化产物$Ca(OH)_2$也是一种白色沉积物，并出现返霜现象。在轻烧镁粉中不可能没有活性 CaO，为克服它的有害作用，在改性剂中加入草酸使其生成草酸钙是有一定道理的，此外购置来的菱镁粉储存时一定要防潮，避免因水的作用，使 MgO 形成水镁石 $Mg(OH)_2$，降低了活性，也降低了其他性能。

作为氯氧镁胶凝材料主要组分的轻烧 MgO 是菱镁矿在 750～850℃下焙烧而来的，它介于重质 MgO 和轻质 MgO 之间，且活性居中偏高。MgO 的生产厂家往往采用$MgCO_3$含量偏低的菱镁矿或白云石为原料（一般$MgCO_3$含量在 30%左右），焙烧的方式以立窑为主，在原料中加入了煤渣粉，这样所制得的原料 MgO 含量低，活性 MgO 的含量就不言而喻了，生产厂家称之为苦土粉，其价格相对要低。用此原料生产高性能的氯氧镁制品是不可能的。为了保证轻烧 MgO 的 MgO 含量在 80%以上，所采用的菱镁矿中$MgCO_3$含量要在 95%以上，焙烧时采取旋窑燃气烧或油烧，不带入煤渣粉，相应 MgO 含量高。

（2）$MgCl_2$

$MgCl_2$是制盐的副产物，由盐卤提炼而得，作为卤粉的成分，$MgCl_2$含量要大于 45%，SO_4^{2+} 含量要小于 2%，NaCl 含量要小于 2%，SO_4^{2-} 含量应尽可能少，以免SO_4^{2-} 与轻烧 MgO 中活性 CaO 的水化产物$Ca(OH)_2$反应，生成$CaSO_4 \cdot 2H_2O$而造成体积膨胀，导致制品的开裂和变形。而钠盐的含量过高，会致使制品的抗水性能降低，而且钠盐的水解产物也表现为类似泛霜的白色盐析物。

（3）玻璃纤维

玻璃纤维是氯氧镁胶凝材料制品增强的必用材料，要达到增强效果，它必须与胶凝材料很好地复合，而且能共同受力。但需要注意两个问题，一是玻璃纤维的形态，二是玻璃纤维的质量。有的生产厂家采用的玻璃纤维布太稀疏，使制品很多位置无玻璃纤维增强，在这些位置的菱镁材料处于自由伸缩状态，因此很容易产生翘曲变形和裂纹。

增强氯氧镁胶凝材料制品最好用无碱玻璃纤维，或者也可用中碱玻璃纤维，切不可用有碱玻璃纤维。不少厂家忽视了这个问题，片面追求低成本，采用由陶土坩埚拉丝，用废旧玻璃为原料生产的低价有碱玻璃纤维，这种纤维耐水性差，遇水形成 NaOH 和 KOH，腐蚀玻璃纤维并与玻璃骨架中的SiO_2发生化学反应，破坏了玻璃纤维的结构组成，使玻璃纤维丧失强度，起不到加筋增强作用，再加上玻璃纤维表面有缺陷和微裂缝，碱性结晶产物沉积和渗入其中，结晶物的生长，导致微裂缝扩展，玻璃纤维强度下降。

2.2　不同胶凝材料对磷酸镁、氯氧镁性能的影响

2.2.1　不同胶凝材料对磷酸镁性能影响

2.2.1.1　不同纤维对磷酸镁胶凝材料砂浆早期性能影响研究

(1)砂浆样品制备

首先,制备一批磷酸镁胶凝材料砂浆样品。砂浆主要由磷酸镁水泥、沙子和水组成。磷酸镁胶凝材料的掺量为 400 kg/m^3,沙子的掺量为 1 000 kg/m^3,水的掺量为 240 kg/m^3。砂浆的掺和比为 1∶2.5∶0.6。样品的尺寸为 40 mm×40 mm×160 mm。不同的纤维掺量为0.1%、0.3%、0.5%、0.8%、1.0%。本书选取的纤维有两种,分别是聚丙烯纤维和玻璃纤维。

(2)试验方法

将所有的砂浆以相同的方式搅拌和浇筑成样品。样品在初凝后,将在室温下保存和养护 24 h,然后在快速脱模器上进行脱模。在每个样品上进行四点弯曲试验,以测定砂浆的强度和韧性。试验将每种纤维添加量的四个样品均值作为每组的结果。

(3)结果分析

聚丙烯纤维掺量为 0.1%时,砂浆的强度和韧性无显著差异。随着聚丙烯纤维掺量的增加,砂浆的强度和韧性呈现逐渐上升的趋势。当掺量达到 0.8%时,砂浆的强度和韧性分别比无纤维掺量的对照组提高了 46.5%和 34.8%。对于玻璃纤维砂浆,当掺量为 0.1% 时,其强度和韧性分别比对照组提高了 26.2%和 19.3%。然而,当掺量增加到1.0%时,其强度和韧性相对于无纤维掺量的对照组仅提高了 1.9%和 6.8%。

(4)结论

聚丙烯纤维和玻璃纤维均能够显著提高磷酸镁胶凝材料砂浆的强度和韧性,但聚丙烯纤维对砂浆性能的改善更为明显。在掺量达到 0.8%时,聚丙烯纤维的强度和韧性分别比对照组提高了 46.5%和 34.8%,而玻璃纤维的掺量可以略微降低至 0.5%。因此,选择合适的纤维种类和掺量可以显著提高磷酸镁胶凝材料砂浆的早期性能和耐久性。

2.2.1.2　不同磷酸盐对磷酸镁胶凝材料硬化的影响

(1)原料

氧化镁(M)为 200 目工业电解氧化镁;磷酸二氢铵($NH_4H_2PO_4$)工业级(武汉无机盐化工有限公司);磷酸氢二铵[$(NH_4)_2HPO_4$]工业级(天津市化学试剂三厂);磷酸二氢钾(KH_2PO_4)工业级(武汉无机盐化工有限公司);磷酸氢二钾(K_2HPO_4)工业级(天津市

致远化学试剂有限公司);六偏磷酸钠[$(NaPO_3)_6$]工业级(武汉无机盐化工有限公司);硼砂($Na_2B_4O_7 \cdot 10H_2O$)工业级(天津市河东区红岩试剂厂);沙子(S):石英砂。

(2)试验方法

强度测试:参照《水泥胶砂强度检验方法(ISO 法)》(GB/T 17671—2021)进行,试件尺寸为 40 mm×40 mm×160 mm。试验用原材料配比如表 2-1 所示。

表 2-1 磷酸镁胶凝材料砂浆的原配料比

磷酸盐/g	MgO/g	$Na_2B_4O_7 \cdot 10H_2O$/g	S/g	H_2O/g
$NH_4H_2PO_4$:173	695	52	920	150
$(NH_4)_2HPO_4$:198	695	52	945	150
KH_2PO_4:204	695	52	951	150
K_2HPO_4:261	695	52	1 008	150

凝结时间:参照《水泥标准稠度用水量、凝结时间、安定性检验方法》(GB/T 1346—2011)来进行。采用维卡仪测定,从拌和物加水开始计时,每隔 30 s 测定一次,临近初凝时,每 15 s 测一次。由于材料的初凝时间与终凝时间间隔只有一两分钟甚至几十秒,即试验只测定初凝时间。

(3)不同磷酸盐对磷酸镁胶凝材料凝结时间及强度的影响

试验以四种不同酸式磷酸盐与电解镁砂,按相同物质的量的比配制成磷酸镁胶凝材料基料,并掺入相同质量的硼砂作为缓凝剂,复配成待测磷酸镁胶凝材料砂浆,在相同水料比下测试其凝结时间及不同龄期下的抗折强度、抗压强度,试验结果分别如表 2-2、图 2-3 及图 2-4 所示。

表 2-2 结果表明:四种磷酸盐对所配制磷酸镁胶凝材料凝结时间影响显著;$NH_4H_2PO_4$ 所配制的磷酸镁胶凝材料凝结迅速(初凝时间为 8 min),而 KH_2PO_4、K_2HPO_4 配制的磷酸镁胶凝材料凝结时间相对较长,分别为 15 min、60 min。

图 2-3、图 2-4 结果表明:四种磷酸盐对所配制磷酸镁胶凝材料强度发展规律差别显著;相同龄期下,所配制磷酸镁胶凝材料强度由大到小所对应的磷酸盐分别为 $NH_4H_2PO_4$、$(NH_4)_2HPO_4$、KH_2PO_4、K_2HPO_4。

由表 2-2、图 2-3 及图 2-4 结果可知,磷酸镁胶凝材料凝结时间与其强度发展规律密切相关,即磷酸镁胶凝材料反应速率越快,其强度增长越迅速,符合气硬性胶凝材料水化历程与强度发展的一般规律。

表 2-2 不同磷酸盐配制磷酸镁胶凝材料的凝结时间

磷酸盐	$NH_4H_2PO_4$	$(NH_4)_2HPO_4$	K_2HPO_4	KH_2PO_4
凝结时间/min	8	9	60	15

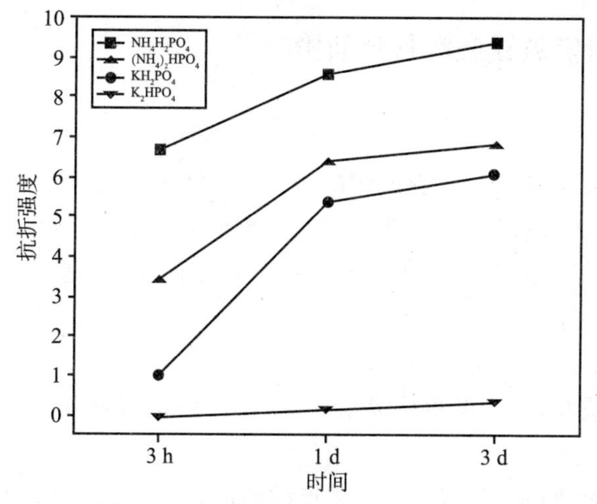

图 2-3　不同磷酸盐配制磷酸镁胶凝材料砂浆试样抗折强度

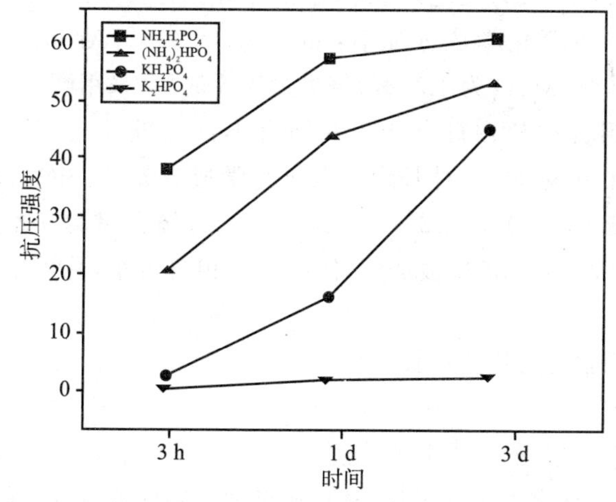

图 2-4　不同磷酸盐配制磷酸镁胶凝材料砂浆试样抗压强度

(4)结论

①不同酸式磷酸盐对所配制磷酸镁胶凝材料的凝结时间、强度影响显著。在相同物质的主强度下，磷酸二氢盐比磷酸一氢盐更能促进磷酸镁胶凝材料水化历程，使磷酸镁胶凝材料凝结时间缩短、早期强度增长较快。

②不同酸式磷酸盐对所配制磷酸镁胶凝材料的水化反应规律暗示，复合使用不同磷酸盐可调控磷酸镁胶凝材料的水化反应速率，该方法的可行性有待进一步验证。

2.2.2 磷酸对氯氧镁胶凝材料的影响

(1)原材料

①MgO。配制氯氧镁胶凝材料所用的活性氧化镁主要来源有两个,一个是将菱镁矿煅烧,制得轻烧镁粉;二是将白云石煅烧,制得轻烧白云石粉。本试验用的是轻烧镁粉,是用菱镁矿石($MgCO_3$)经750～850 ℃煅烧后再磨细而成的,是一种浅黄色的粉末,其物理性能如下:密度3.2 g/cm^3,细度120目/cm^2,筛上筛余量1.5%。化学成分如下:MgO为81.4%,CaO为1.2%,烧失量为8%。

②卤粉(块、片或粒状)。卤粉应易溶于水,不溶解的沉淀物<0.5%,$MgCl_2$≥45%,SO_2<2%,NaCl<2%。

③磷酸。采用天津市化学试剂三厂生产的磷酸,其化学成分如下:HPO含量不少于85%;灼烧残渣0.2%。

④粉煤灰。粉煤灰是火力发电厂煤粉燃烧后剩下的灰分,是工业废料,含有相当高的无定形硅质材料。主要化学成分如下:SiO_2为44.97%;Al_2O_3为15.79%;Fe_2O为4.59%;CaO为25.46%;MgO为1.34%;烧失量为6.50%;采用磨细粉煤灰。

⑤硅藻土。采用吉林长白硅藻土。我国有丰富的硅藻土资源,全国硅藻土储量3.2亿t,远景储量20多亿t。吉林长白硅藻土化学成分如下:SiO_2为79.80%,Al_2O_3为4.09%,MgO为0.16%,CaO为0.3%,TiO_2为0.2%,烧失量为7%。本试验采用经过600 ℃煅烧的硅藻土,由于有机质被烧掉,使硅藻土相对富集,孔隙度增大,比面积增大,活性显著提高。

⑥标准砂。采用福建平潭产的标准砂。

(2)试验过程

①胶砂强度检验。根据《水泥胶砂强度检验方法(ISO法)》(GB/T 17671—2021),进行胶砂强度试验(对于镁水泥浆体来说,其用液量为达到标准稠度时的$MgCl_2$溶液用量)。磷酸掺量为0.5%、1.0%、2.0%、3.0%;粉煤灰掺量为10%、粉煤灰掺量10%+1%磷酸;硅藻土掺量为10%、硅藻土掺量10%+1%磷酸。自然养护,测试其3 d、7 d、28 d的抗压、抗折强度、掺量如表2-3所示。

表2-3 胶砂强度试验各种材料用量

磷酸/%	粉煤灰/%	硅藻土/%	轻烧镁粉/g	标准砂/g	$MgCl_2$溶液/mL
0	0	0	540	1 350	300
0.5	0	0	540	1 350	300
1.0	0	0	540	1 350	300
2.0	0	0	540	1 350	300

续表

磷酸/%	粉煤灰/%	硅藻土/%	轻烧镁粉/g	标准砂/g	$MgCl_2$溶液/mL
3.0	0	0	540	1 350	300
1.0	10	0	540	1350	300
0	0	10	540	1 350	300
0	10	0	540	1 350	300
1.0	0	10	540	1 350	300

②抗水性能试验。抗水性用软化系数表示，软化系数以 28 d 龄期试件在水中浸泡 28 d 的湿强度与 28 d 龄期试件的干强度的比值表示，并按下式计算（精确至 0.01）

$$K=R_w/R$$

式中：K——软化系数；

R_w——3 块试件湿强度的算术平均值（MPa）；

R——3 块试件干强度的算术平均值（MPa）。

（3）结果与讨论

①磷酸对氯氧镁胶凝材料强度的影响。不同龄期、不同掺量的磷酸改性氯氧镁胶凝材料强度如表 2-4 所示，从上述结果可以看出，在氯氧镁胶凝中加入的磷酸为 0.5%、1.0% 时，硬化初期强度发展较慢，但 28 d 后强度达到了基准试样的强度，当磷酸掺量为 2.0%、3.0%时，强度均有所下降。当磷酸掺量为 1.0%时，氯氧镁胶凝材料的抗压强度达到 96.5 MPa。

表 2-4　磷酸对氯氧镁胶凝材料强度的影响

磷酸掺量/%	抗压强度/MPa			抗折强度/MPa		
	3 d	7 d	28 d	3 d	7 d	28 d
0	79.4	85.2	94.0	13.8	14.3	24.0
0.5	70.9	78.4	94.5	13.7	14.0	22.7
1.0	62.0	75.5	96.5	10.5	10.8	20.8
2.0	52.8	57.5	83.5	8.7	8.9	19.0
3.0	32.3	48.0	76.0	6.0	6.1	8.8

②磷酸对氯氧镁胶凝材料抗水性的影响。磷酸对氯氧镁胶凝材料抗水性的影响见表 2-5。从上述结果可以看出，当磷酸掺量<2.0%时，能够提高氯氧镁胶凝材料的抗水性，当磷酸掺量为 1.0%时，软化系数达到 1.01。如果磷酸掺量超过 2.0%时，并不能提高氯氧镁胶凝材料的抗水性，这是由于当磷酸掺量为 1.0%时，磷酸镁胶凝材料中短棒状晶体与凝胶占多数，叶片状晶体数量较少，这时磷酸镁胶凝材料石结构的结晶接触点数量大为减少，因而提高了它在水中的稳定性；当磷酸掺量为 2.0%～3.0%时，磷酸镁胶凝材

料中短棒状晶体和凝胶数量减少,叶片状晶体增多,磷酸镁胶凝材料石结构的结晶接触点数量增多,在水中溶解度增大,因而其抗水性降低。

表 2-5　磷酸对氯氧镁胶凝材料抗水性的影响

性能	掺量/%				
	0%	0.5%	1.0%	2.0%	3.0%
R/MPa	94.00	94.50	95.50	83.50	76.00
R_w/MPa	57.30	80.30	97.74	47.70	43.60
K	0.61	0.85	1.02	0.57	0.57

③粉煤灰及粉煤灰与磷酸复合使用对氯氧镁胶凝材料强度及抗水性的影响。

粉煤灰对氯氧镁胶凝材料强度的影响见表 2-6。

表 2-6　粉煤灰对氯氧镁胶凝材料强度的影响

粉煤灰掺量	抗压强度/MPa			抗折强度/MPa		
	3 d	7 d	28 d	3 d	7 d	28 d
0%	79.4	85.2	94.0	13.10	14.20	23.94
10%	70.7	73.1	85.0	14.16	15.52	19.37

从表 2-6 可以看出,单掺粉煤灰的氯氧镁胶凝材料试样抗压强度均有所下降,气硬 28 d 抗压强度为 85.0 MPa。单掺粉媒灰的氯氧镁胶凝材料浸水 28 d 抗压强度为69.0 MPa,软化系数为 0.81。粉煤灰与磷酸复合使用对氯氧镁胶凝材料强度的影响见表 2-7,从表 2-7 看出,粉煤灰与磷酸复合使用,氯氧镁胶凝材料抗压强度有所下降,抗折强度下降的幅度大为缓和。单掺粉煤灰的氯氧镁胶凝材料气硬 28 d 抗压强度为 79.5 MPa,浸水 28 d 抗压强度为 83.5 MPa,软化系数 1.05,比单掺粉煤灰的氯氧镁胶凝材料软化系数提高了 30%。

表 2-7　粉煤灰和磷酸复合使用对氯氧镁胶凝材料强度的影响

粉煤灰+磷酸掺量	抗压强度/MPa			抗折强度/MPa		
	3 d	7 d	28 d	3 d	7 d	28 d
10%+1%	70.6	71.9	83.5	10.73	19.52	22.47

④硅藻土及硅藻土与磷酸复合使用对氯氧镁胶凝材料强度及抗水性的影响。硅藻土对氯氧镁胶凝材料强度的影响见表 2-8。从表 2-8 可以看出,单掺硅藻土的氯氧镁胶凝材料试样抗压强度比空白样增加了 8.3%,28 d 抗压强度达到 101.8 MPa;抗折强度下降了 11.7%,28 d 抗折强度为 21.2 MPa。气硬 28 d 后浸水 28 d,抗压强度为 86.5 MPa,其软化系数为 0.85、硅藻土与磷酸复合使用对氯氧镁胶凝材料强度的影响见表 2-9。从表

2-9 可以看出，硅藻土与磷酸复合使用氯氧镁胶凝材料的强度基本保持不变，在气硬 28 d 时，抗压强度为 94.5 MPa。气硬28 d后浸水28 d，抗压强度为 85.1 MPa，其软化系数为 0.90，比单掺硅藻土的氯氧镁胶凝材料软化系数提高了 6%。

表 2-8　硅藻土对氯氧镁胶凝材料强度的影响

粉煤灰掺量	抗压强度/MPa			抗折强度/MPa		
	3 d	7 d	28 d	3 d	7 d	28 d
0%	79.4	85.2	94.0	13.8	14.3	24.0
10%	84.6	86.0	101.8	14.2	15.4	21.2

表 2-9　硅藻土磷酸复合使用对氯氧镁胶凝材料强度的影响

粉煤灰＋磷酸掺量	抗压强度/MPa			抗折强度/MPa		
	3 d	7 d	28 d	3 d	7 d	28 d
10%＋1%	53.6	66.0	94.5	11.8	13.3	23.9

(4)结论

①磷酸对氯氧镁胶凝材料的抗水性具有显著的影响，当磷酸掺量为 1%时，软化系数达到1.014，比空白样增加了 66.2%。

②活性混合材可以提高氯氧镁胶凝材料的抗水性，与磷酸复合使用效果更加显著。

2.3　磷酸镁胶凝材料、氯氧镁胶凝材料的力学性能

2.3.1　磷酸镁胶凝材料的力学性能

与其他无机胶凝材料相比，磷酸镁胶凝材料具有以下特性。

(1)凝结时间短且可适度控制

凝结时间从几分钟到几十分钟不等，主要与胶凝材料原料细度、缓凝剂用量等有关。

(2)早期强度高

1 h 强度可达 20 MPa，满足快速修补材料的要求。目前，对磷酸镁胶凝材料力学性能的研究主要集中在磷酸镁胶凝材料砂浆或混凝土的抗压强度、抗折强度、黏结强度以及弹性模量。已有研究表明，实验室配制的磷酸镁胶凝材料净浆 3 h 抗压强度和抗折强度分别可达 72.8 MPa 和11.1 MPa，28 d 抗压强度和抗折强度分别可达到 98.6 MPa 和 14.8 MPa。

(3)环境温度适应性强

磷酸镁胶凝材料在负温环境下可以较快地凝结,同时耐高温性能好。磷酸镁胶凝材料在不同温度下作为快速修补材料,尽管养护条件不同,但几乎所有的浆体在 1 h 后的强度都超过了 14 MPa。

(4)黏结强度高

磷酸镁胶凝材料与旧混凝土黏结强度高,良好的黏结强度除了与水化产物自身性能有关外,还与磷酸镁胶凝材料中的磷酸盐能与混凝土中的水化产物等发生反应有关,因此在黏结界面附近除了物理黏结外,还有很强的化学黏结。

(5)体积稳定性、相容性好

磷酸镁胶凝材料体积变形小、微膨胀,热膨胀系数、弹性模量等与旧混凝土相近,与旧混凝土有较好的相容性。磷酸镁胶凝材料作为一种十分优异的混凝土结构快速修补材料,其体积稳定性是控制混凝土结构表面开裂、提高界面黏结强度、保证修补成功和耐久性的要素之一。磷酸镁胶凝材料的热膨胀系数和干缩率远比其他材料低,且磷酸镁胶凝材料与旧混凝土之间的热性能具有很好的匹配性(表 2-10)。

表 2-10　不同材料的热膨胀系数和干缩率

材料种类	热膨胀系数/(℃$^{-1}$)	干缩率/(℃$^{-1}$)
磷酸镁胶凝材料砂浆	9.6×10^{-6}	3.4×10^{-5}
磷酸镁胶凝材料混凝土	8.2×10^{-6}	2.5×10^{-5}
普通水泥砂浆	$1.0\times10^{-5}\sim2.0\times10^{-5}$	$3.0\times10^{-4}\sim5.0\times10^{-4}$
普通混凝土	$7.0\times10^{-6}\sim1.4\times10^{-5}$	$6.0\times10^{-4}\sim9.0\times10^{-4}$
环氧树脂砂浆	$2.0\times10^{-6}\sim3.0\times10^{-6}$	$7.0\times10^{-4}\sim1.0\times10^{-3}$

(6)较好的耐久性

磷酸镁胶凝材料耐磨性、抗冻融循环性、防钢筋锈蚀性能好。耐久性是指混凝土暴露在服役环境中能保持其原有的形状、质量和功能的能力,对保证混凝土结构的安全性、适应性等具有重要意义。目前有关磷酸镁胶凝材料耐久性的研究较少。研究人员对磷酸镁胶凝材料的耐磨性、抗冻性、抗盐冻剥蚀性能以及护筋能力进行了相关研究,结果表明,在相同磨损条件下,磷酸镁胶凝材料的耐磨度为 7.99,普通硅酸盐水泥混凝土的耐磨度为 3.86(表 2-11)。磷酸镁胶凝材料耐磨性较高的主要原因是磷酸镁胶凝材料中含有大量没有完全水化的耐磨性很强的 MgO 粗颗粒,它能起骨架作用,致使磷酸镁胶凝材料具有很高的耐磨性。

表 2-11　不同材料的抗压强度、磨损深度和耐磨度

材料种类	抗压强度/MPa	磨损深度/mm	耐磨度
磷酸镁胶凝材料砂浆	71.3	0.32	6.99
磷酸镁胶凝材料混凝土	56.4	0.28	7.99
普通混凝土	70.4	0.58	3.86

由于磷酸镁胶凝材料能够包裹在钢筋表面形成一层致密的保护膜，阻碍锈蚀介质与钢筋接触。磷酸镁胶凝材料砂浆和普通水泥砂浆中的钢筋锈蚀率分别约为 0.18% 和 0.79%。在 −20～20℃、浓度为 3% 的 NaCl 溶液中，冻融各 3 h，经过 44 次冻融循环，磷酸镁胶凝材料混凝土才开始出现表面剥落现象；而经过 33 次冻融循环，加入 6.5% 引气剂的普通混凝土表面剥落量就达到了 0.32 kg/m^2；即使在 56 次循环后，磷酸镁胶凝材料砂浆和混凝土表面剥落量仍仅为 0.25 kg/m^2 和 0.32 kg/m^2。

2.3.2　氯氧镁胶凝材料的力学性能

氯氧镁胶凝材料的力学性能如下。

(1)气硬性

常见的胶凝材料以普通水泥代表，均是水硬性的，即在水中可以硬化。但氯氧镁胶凝材料却与普通水泥完全不同，它是气硬性的，在水中不硬化。这是氯氧镁胶凝材料与普通水泥相比一个比较突出的特点。

(2)多组分

氯氧镁胶凝材料是多组分的，单将轻烧镁粉加水是不会硬化的。它的一个组分是轻烧镁粉或白云石灰粉，另一个组分是调和剂镁盐，其他组分包括水和改性剂。

(3)高放热

氯氧镁胶凝材料在硬化时要释放出很高的热量。它的放热量为 1 000～13 500 J/g，最高反应体系的中心温度可达 140 ℃，在夏季可能会超过 150 ℃。普通水泥的水化热仅为 300～400 J/g，氯氧镁胶凝材料水化热是普通水泥水化热的 3～4 倍。

(4)对钢材的强腐蚀性

氯氧镁胶凝材料大多以氯化镁为调和剂，含有大量的氯离子，对钢材具有极强的腐蚀性。

(5)高强度

氯氧镁胶凝材料可以轻易达到 62.5 MPa。一般的轻烧镁粉胶凝材料的抗压强度均可达到 62.5 MPa，大部分可达到 90 MPa。在轻烧镁粉质量可以保证、氯氧镁胶凝材料配比合理、工艺科学的情况下，还可以达到 140 MPa 左右。试验表明，当轻烧镁粉与无机集料的质量比为 1∶1 时，其 1 d 的抗压强度达 34 MPa、抗折强度达 9 MPa。28 d 抗压强度达 142 MPa，抗折强度达 26 MPa。

(6)高耐磨

氯氧镁胶凝材料的耐磨性是普通水泥的 3 倍。研究人员曾用氯氧镁胶凝材料和常规 32.5 级普通硅酸盐水泥各制一块地面砖，放在一起养护 28 d 后进行耐磨试验，普通硅酸盐水泥地面砖的磨抗长度为 34.7 mm，而氯氧镁胶凝材料制成的地面砖磨抗长度只有 12.1 mm，相当于水泥地面砖的 1/3，和国外的试验相吻合。因此氯氧镁胶凝材料特别适合生产地面砖及其他高耐磨制品，尤其是磨料、磨具，如抛光砖磨块等。

(7)耐高温、低温

在各种无机胶凝材料中，只有氯氧镁胶凝材料同时具备既耐高温又耐低温的特性。轻烧镁粉的主要成分 MgO 的耐火性强，可承受 2 800 ℃高温。因此，氯氧镁胶凝材料建材制品一般均有耐高温的特性，即使复合了玻璃纤维，也可承受 300 ℃以上。正是因为氯氧镁胶凝材料的这种耐火性，它被广泛用于生产防火板。氯氧镁胶凝材料不但耐高温性能优异，耐低温性能也非常优异。因为氯氧镁胶凝材料大多以氯化镁为调和剂，而氯化镁属于抗冻剂氯盐。因此，氯氧镁胶凝材料具有了自然的抗低温性能，所以在低温下氯氧镁凝胶产品也可照常生产，不需要外加防冻剂。在一般情况下，氯氧镁胶凝材料可耐－30 ℃的低温。

(8)抗盐卤腐蚀

氯氧镁胶凝材料由于是用盐卤作为调和剂的(大多为氯化镁)，也就是说它本身就具有盐卤成分，所以它不怕盐卤腐蚀，而且遇盐卤还会增加强度。这就使它可以克服普通水泥及混凝土制品的不足，用于高盐卤地区。

(9)空气稳定性和耐候性

由于氯氧镁胶凝材料是气硬性的，在终凝后只有在空气中才能继续凝结硬化，这就使它具有良好的空气稳定性，空气越干燥，它就越稳定。试验表明，氯氧镁胶凝材料制品在干燥空气中，其抗压强度和抗折强度均随龄期而增长，直至两年龄期还在增长，十分稳定。这也证明，氯氧镁胶凝材料在干燥空气中的强度是持续增长的。另外，由于氯氧镁胶凝材料在高温和严寒中均具有稳定性，不会因气温的变化而影响其稳定性。它的耐候性也是十分优异的。

(10)低腐蚀性

氯氧镁胶凝材料的碱度远低于普通水泥。经测试，它的浆体滤液 pH 值波动在 8.0～9.5 之间。因为氯氧镁胶凝材料的碱度极低，只呈微碱性，对玻璃纤维和木质纤维的腐蚀性是很小的。玻璃纤维增强水泥制品以玻璃纤维增强，植物纤维制品以锯末、刨花、棉秆、蔗渣、花生壳、稻壳、玉米心粉等木质纤维下脚料增强，而玻璃纤维和木质纤维都是不耐碱的材料，极其怕碱腐蚀，在高碱腐蚀下它们都会失去强度，对胶凝材料失去增强作用。所以，普通水泥因高碱就无法用玻璃纤维及木质纤维增强。而氯氧镁胶凝材料却以独特的微碱性优势，在玻璃纤维增强水泥领域和植物纤维制品领域大显身手，这也是它能成为无机玻璃钢的主要原因。

(11)低密度性

氯氧镁胶凝材料制品的密度一般只有普通硅酸盐制品的 70%，它的制品密度一般为 1 600～1 800 kg/m^3，而水泥制品的密度一般为 2 400～2 500 kg/m^3。因此它具有十分明显的低密度性。

(12)快凝性

氯氧镁胶凝材料具有自来的快凝性。一般在加入调和剂后，4～8 h 就可以达到脱模的强度。它的初凝为 35～45 min，终凝为 50～60 min，相当于快硬水泥。快硬水泥的快凝性是外加促凝材料形成的，生产工艺复杂，而氯氧镁胶凝材料是材料本身自然形成的快凝性。

(13)良好的抗渗性

氯氧镁胶凝材料在凝结硬化后，形成很高的密实度，毛细孔相对于普通水泥要少得多。因此，它在硬化后就具备良好的抗渗性，渗水系数很低，不掺用抗渗剂，它的硬化体也能达到S25以上的抗渗等级。它的良好的抗渗性，决定了它在波瓦等屋面材料领域有着广阔的应用前景。

(14)制品高光泽

使用相同光亮度的磨具，用氯氧镁胶凝材料和常规水泥材料各制一个产品，再进行二者的光泽度对比，就会发现，氯氧镁胶凝材料制品的光泽度比水泥制品要高很多。

2.4　磷酸镁胶凝材料、氯氧镁胶凝材料的发展前景

2.4.1　磷酸镁胶凝材料的发展前景

我国氯氧镁胶凝材料制品原料资源丰富，为发展生产、扩大产品用途提供了有利条件。建材行业是我国能耗大户之一，大部分产品尤其是传统建材能耗都很高。氯氧镁胶凝材料制品是一种节约能源、轻质、高强度的建材产品，主要发展优势如下。

第一，磷酸镁胶凝材料是一种典型的早强快硬性胶凝材料，用作土木工程材料可以缩短施工周期，提高施工速度。同时由于磷酸镁胶凝材料具有早期强度高和黏结力强的特点，可以用作混凝土结构抢建抢修材料。若能解决水接触强度倒缩的问题，还可以用于水工结构材料。

第二，磷酸镁胶凝材料聚集了水泥、陶瓷以及耐火材料的主要优点。与传统陶瓷相比，其制备成型简单，可用于开发化学键合陶瓷，是一种非常有研究价值的新型绿色环保材料。

第三，磷酸镁胶凝材料水化后结构致密、黏结力强、耐腐蚀性好，可用于固封工业废弃物和有毒重金属，固化的废弃物制品强度较高、稳定性较好、孔隙率低、废弃物不易外漏，同时还可以用于制备大型的放射性设备和部件，在防核辐射材料方面也有很好的应用前景。

第四，磷酸镁胶凝材料毒性低、生物相容性好以及与生物骨之间的黏结性好，植入生物体内不会引起明显的异物反应，可以制作生物骨水泥用于生物骨固定以及作为牙齿快速修复的材料，因而在医学领域也具有很好的发展前景。

磷酸镁胶凝材料兼有水泥、陶瓷及耐火材料的特点，在建筑、工业废弃物处理、医学、军事、矿井等领域有着良好的发展前景，可以将其用作修补材料、核废料固化材料、密封材料、油井材料、生物骨材料以及牙齿修复材料，是一种很有研究价值的新型节能环保绿色胶凝

材料。目前研究工作主要集中在磷酸镁胶凝材料的组成、制备、性能改性和水化硬化机理等方面,对于其在潮湿环境中的强度倒缩机理及微观结构与性能之间的关系等研究较少,对高性能磷酸镁胶凝材料的制备和施工关键技术的研究相对匮乏,还有待于今后进一步深入研究。

2.4.2 氯氧镁胶凝材料的发展前景

我国镁质胶凝材料的发展经历了一条不平坦的道路,早在20世纪50年代就曾掀起“苦土热”。但由于当时有限的科研手段,加之对氯氧镁胶凝材料成型机理及微观结构的掌握不够,材料本身固有的耐水性差、翘曲变形、返卤的弱点影响了该材料在当时的推广应用。直到近二三十年来,我国经济建设飞速发展,面临能源和森林资源缺乏,水泥短缺价扬,石棉对人体有害等问题,迫使人们寻找节能易得的制瓦材料。因此,国内已具规模的玻璃纤维和资源丰富的菱苦土便成了良好的替代材料,氯氧镁胶凝材料制品本身独特的优越性,再度受到人们的重视。

2.4.2.1 氯氧镁胶凝材料制品的主要优点

①生产工艺简单,易于施工,成本低廉;投资少,见效快;占地面积小,经济效益高。

②生产安全,生产过程中无毒、无味、无刺激性,可制成多种免烧砖、瓦、板,减少环境污染。

③生产能耗低,是一种可以代木、代水泥的材料。如果全国1/4的农户采用镁瓦,一年可节约上百万吨煤和近百万立方米的木材。

④强度较高,弹性良好,隔音好,无静电,耐磨,耐油,抗有机物、硫化物侵蚀等。

⑤应用广泛,能制成便于雕刻、易锯、易钉、易打孔,加工性能好的制品。

⑥可制成多种轻体材料,为建造轻体房屋提供条件。

2.4.2.2 我国氯氧镁胶凝材料制品的生产状况

目前,我国生产氯氧镁胶凝材料的企业几乎遍布全国各地。就其分布来看,大部分厂家集中在我国的华北、华东、东北等地区,据不完全统计,我国现有的氯氧镁胶凝材料制品生产企业已超过千家。由于氯氧镁胶凝材料成型工艺简单,并具有投资少、见效快的特点,在乡镇企业发展很快。但这些企业都属于产量不大的小型企业,且装备水平仍处于较低阶段,限制了生产规模的扩大和工艺技术水平的提高,严重影响了产品质量、档次和进一步的推广应用。基于此,一些科研团体和企业纷纷投入力量研制、设计并革新现有的落后工艺装备,在较短的时间内已推出了相应的机械化生产设备。新设备的问世将会在一定程度上促进氯氧镁制品业的发展。

2.4.2.3 发展前景预测

经过多年开发应用,氯氧镁胶凝材料的使用前景已受到普遍关注,产品品种也从单一化向多元化发展。如果从根本上解决实际生产和使用中存在的不足,在材料的改性方面有新的突破，则该材料的需求也会增加，其使用范围将会更广泛，也将会有更好的社会效益和经济效益。

2.4.2.4 原料优势

我国菱镁矿资源丰富，已探明的菱镁矿储藏量约 36 亿 t，居世界首位，主要分布在辽宁、山东、四川等地。我国氯化镁的储量也极大，我国沿海制盐工业也会产生大量的镁副产品。在资源丰富，取材方便，生产简便的有利条件下，发展氯氧镁胶凝材料制品的优势是很大的。目前该制品在国内外都形成了一定市场，尤其是东南亚近年来大量进口该材质的琉璃瓦，出口形势很好。

2.4.2.5 节能优势

建材行业是我国能耗大户之一，大部分产品尤其是传统建材能耗都很高。现已开发的氯氧镁胶凝材料制品是一种高质低能耗的建材产品。它在生产中不仅工艺简便，而且无须窑炉、干燥器等热工设备，能耗可大大降低。

第三章　3D 打印混凝土

3.1　3D 打印混凝土的性能

3.1.1　什么是 3D 打印混凝土

随着 3D 打印技术的不断发展,打印材料也得到了不断拓展,其中比较重要的一类材料就是混凝土。作为建筑材料的代表,混凝土可以广泛应用于机场、桥梁、房屋、隧道等领域。这些领域对混凝土材料的力学性质、耐久性等方面的要求十分高。而 3D 打印混凝土是利用 3D 打印技术将混凝土材料直接打印成所需形状,从而使混凝土材料的形状非常灵活,可以满足各种不同的建筑要求。因此,在研究 3D 打印混凝土的可塑造性能时,对混凝土材料的力学性质、耐久性等方面的要求也更高。

首先,我们来回顾一下混凝土的基本组成。混凝土主要由水泥、骨料、水和掺合料等组成,混凝土的力学性能取决于其成分的比例和质量。在 3D 打印混凝土时,人们通常采用类似于喷嘴的设备将混凝土粉末或混凝土涂料喷涂或挤压到所需的位置。通过 3D 打印的方式,我们可以精准地控制混凝土的组成和密度,从而得到具有高强度工程结构的混凝土部件。

在研究 3D 打印混凝土的可塑造性能时,我们应该关注材料的力学性能、工艺控制和构件性能等方面。首先,混凝土的力学性能包括抗压强度、抗拉强度、抗弯强度等。这些力学性能很大程度上取决于混凝土中骨料的成分、水泥的种类和掺合料的比例。针对 3D 打印混凝土的特点,我们需要寻找适合的掺合料和黏结剂,以提高混凝土的机械性能。通常情况下,黏结剂的添加可以提高混凝土的相互黏合性和耐久性,这可以在设计 3D 打印混凝土时发挥重要作用。其次,工艺控制也是影响 3D 打印混凝土可塑造性能的一个重要因素。因为 3D 打印混凝土的加工过程涉及材料喷注、堆叠、加固等多个步骤,采用适当的工程技术,可以有效地避免材料层距和过渡面的出现。

有资料显示,3D 打印混凝土建筑采用的是玻璃纤维增强混凝土,其特点是抗拉、抗弯和抗裂强度比普通混凝土高，韧性和抗冲击性能也比普通混凝土有所提高，因而被广泛应用于建筑外墙板、天花板、隔墙板等非承重构件，比如上海世博会法国国家馆外墙的白色混凝土网格就是采用的玻璃纤维混凝土。从现有的3D打印混凝土技术发展趋势看，未来普通混凝土在3D打印建筑原材料中所占的比例将会大幅下降，纤维混凝土、泡沫混凝土、轻骨料混凝土、水泥-树脂基混凝土、聚合物混凝土等种类的混凝土将会得到更大规模的应用，甚至可能出现新型材料混凝土。3D打印混凝土与传统混凝土有所不同，由于3D打印没有模板，它不但要满足快速成型的要求，即从打印喷头出来后快速凝结而不向周围流淌，又要满足层层混凝土之间的紧密连接，而不至于产生冷缝，3D打印混凝土构件或建筑才是浑然一体的；此外还要满足混凝土在管道内和喷头内自由流动而不堵塞管道和喷头。这便要求3D打印混凝土与传统混凝土有所不同，其原材料和质量要求也不一样。

从胶凝材料来看，3D打印混凝土所使用的胶凝材料非常广泛，是广义上的混凝土，不是普通水泥混凝土。除了水泥，树脂、水玻璃、石膏、地质聚合物等都可以作为3D打印混凝土的胶凝材料，其中地质聚合物因为快硬早强的特点，是比较适合作为3D打印混凝土的胶凝材料使用的。

从骨料来看，骨料是混凝土中占比最大的材料，3D打印混凝土对骨料的要求比传统混凝土更高。强度高、密度小、颗粒形貌接近球形的骨料是最适合3D打印混凝土使用的，同时3D打印混凝土建筑是由一层一层的混凝土堆叠而成的，每一层混凝土都比较薄，加上3D打印机喷头的结构复杂，因而要求混凝土中的骨料粒径比传统混凝土更小，骨料粒径应在10 mm以下。颗粒级配、含泥量、有害物质含量等指标要求更加严格。这些都是由3D打印混凝土的特殊性所决定的。

从外加剂来看，外加剂在混凝土组成材料中占比最小，但是却显著改善了混凝土的性能，3D打印混凝土要求工作性能更强，在管道内具有优异的流动性，同时从喷头出来后又能在空气中快速凝结，因而必然要求外加剂具有多种功能，必须是一种复合型的超塑化剂。另外，3D打印混凝土所使用的材料复杂多样，更要求其外加剂具有良好的适应性。

从住宅工业化和信息技术的发展来看，如今已产生了新的建筑形式，这就是3D打印建筑。3D打印建筑是一项非常复杂的系统工程，它很好地继承了制造业流水线生产和智能化制造的思路，彻底打破了建筑施工不能采用工业化生产的制约，为建筑工业化发展提供了无限的可能。3D打印混凝土建筑是住宅工业化发展的必然趋势，是适应现代建筑技术发展的必要需求，同时也是提高整个建筑行业技术水平和技术创新的重要途径。

3.1.2 3D打印混凝土的性能

(1)可塑造型

从拌和混凝土至凝结硬化拥有受力特征，材料的可塑造性能始终随着3D打印混凝土材料物理状态的改变而发生变化，3D 打印混凝土材料的物理状态可以划分为三类，分别为可塑状态、半固态、固态。

①可塑状态。当外部作用施加于材料时，材料受到外部作用的影响，产生相对于外部作用的响应，将向另一种形式发生状态转变，如形变、变体、流动状态等。当外部作用消失后，作用在材料上的响应也随之消失，材料将继续保持外力消失前的状态。可塑状态的特征一般被用于解释 3D 打印混凝土材料所具有的可加工性能，即当其材料受到外力作用时，除了发生形变、体变外，将继续保持其材料特有的性能，具有均匀性和连续性的性能。

②半固态。材料可承受一定范围内的外部作用，并保持自身状态的稳定，当外部作用超过材料可接受的最大范围值时，材料将产生不可逆转的变化，直到外部作用消失，材料会停留在某种新的状态，或者继续向另一种状态转变，最终失去原有的形式状态。处于半固态的 3D 打印混凝土具有保持自身一定稳定的能力，表现为建造性，如初始成型的 3D 打印混凝土受到外部作用时，材料将继续保持它固有的形状或体积，只有当外部作用力超过其自身结构保持稳定的能力，混凝土材料才会发生形态的转变，甚至是破坏。特别需要注意的是，处于半固态的 3D 打印混凝土已经不具备加工成型的能力。

③固态。材料具备相当的力学性能，具有一定的刚度和强度，可以承受很大范围内的外部作用，并保持原有特性、特征。固态材料力学性能比较突出，表现出很好的承载能力。3D 打印混凝土养护完全后，得到的结构体就属于此状态，能够表现出良好的受力特性，以满足打印结构的整体受力性能及稳定特征。

3D 打印混凝土从可塑状态开始，随着硬化强度的增长逐步成为固态，在这一过程中材料的强度屈服值随时间由弱变强。可塑状态起初，由于打印试体是由分散粒子组成凝聚结构而得到的新拌混合体，在受到上部压力所引起的剪切效应过程中，混合料内部凝聚结构随着剪切应力的增大而逐渐发生变形，导致新拌混凝土材料的黏度随剪切应力的变化而发生变化，此时，结构进入流态，开始按牛顿黏性体规律流动。当打印试体进一步凝结硬化达到半固态时，打印试体材料具有一定的屈服应力。当外部作用力大于材料的屈服应力时，结构才产生塑性变形，一旦外力作用减小，塑性变形便会停止，形成新的固态结构；硬化强度增长到接近完全的混凝土黏弹性体，即固态阶段，在经过塑性变形后，屈服应力将不再发生改变，但是对于处于硬化前期阶段且强度发展并不完全的半固态打印混凝土材料，屈服应力仍具有强化性质，则屈服应力将随材料凝结硬化程度的发展而改变。

(2)流变性

与模筑混凝土不同，混凝土 3D 打印技术对材料的要求更严格。打印材料不仅需要具有足够的流动性以保证材料顺利泵送并从喷嘴连续挤出，还需要具有良好的保水性，避免因材料离析产生泵送管堵塞现象；同时要具有足够的硬化速度以保持后续层的稳定堆积建造。因此，材料的可打印性主要包括可泵送性、可挤出性、开放时间、可建造性，这些性能主要由材料的流变性决定。屈服应力和塑性黏度是流变性的重要指标。在静止状态下，材料的屈服应力为静态屈服应力。在剪切力作用下，材料结构被破坏，此时的屈服应力为动态屈服应力。较高的静态屈服应力可维持材料挤出形状稳定不变。较小的动态屈服应力和较低的塑性黏度有利于材料的顺利泵送和挤出，但是较低的黏度会造成材料离析，堵塞泵送管道，不利于材料的泵送。有文献表明，纤维素醚、凹凸棒土、粉煤灰、硅灰和减水剂等外加剂可有效改善混凝土材料的流变性。

(3)可打印性

材料在泵送过程中，需具有较低的刚度以保证其顺利泵送，提高浆体比例可保证有足够的水泥浆在骨料颗粒上形成润滑层，避免出现离析现象，有利于提高材料的泵送性。混凝土材料的可挤出性是指材料通过喷嘴被连续挤出而不发生中断阻塞的能力。高触变性材料经过扰动在打印头处具有较小的屈服应力和较低的黏度，有利于材料的挤出，材料挤出后可迅速恢复到较大的静态屈服应力，从而保持自身稳定。纤维素醚、凹凸棒土和硅灰等可有效提高混凝土的触变性，利于3D打印材料的配制。

混凝土材料的开放时间是指材料可以被连续泵送挤出而不中断的时间，它决定了一次拌和材料的数量和拌和频率。当混凝土屈服应力发展过快时，混凝土难以从打印头中挤出，甚至会堵塞泵送管道，损坏设备。因此，应根据打印速度、打印结构尺寸合理调控材料的开放时间。添加缓凝剂、速凝剂，使用快硬硅酸盐水泥或硫铝酸盐水泥可调控材料的开放时间，使其满足打印工艺的要求。

传统模筑混凝土通常需要具有良好的流动性以填充模板，而混凝土在打印过程中没有模板的支撑，这就需要混凝土材料在自重及上层重力的作用下，保持挤出形状稳定而不塌落，即材料需要具有良好的可建造性。文献表明，添加少量的黏度改性剂可增强材料的建造性。Suiker等考虑塑性垮塌和弹性失稳两种破坏模式，建立了结构建造高度的数学模型，计算模型具有较高的精度。文献证明，采用有限元和试验结合的方法可以有效模拟结构的打印过程，预测结构的可打印高度。当打印速率过慢时，建造效率降低；打印速率过快时，会使材料出现坍塌破坏，结构难以建造成型。实际应用时，应综合考虑打印结构的尺寸、材料的硬化速率、材料的拌和效率来确定打印速度，以保证打印结构良好的建造性和建造效率。

(4)各向异性

混凝土3D打印技术采用逐层堆积的建造方式，见图3-1，打印材料的层间存在薄弱面。层间界面性能受表面自由水含量、层间打印时间间隔、界面粗糙度的影响较大。3D打印混凝土材料需要一定的水分，以满足饱和面干状态和良好的层间黏结性，在层间表面达到饱和面干状态时，层间黏结强度较高。但混凝土层间自由水过量会降低层间界面性能。研究表明，增加层间时间间隔、打印速度和打印头高度会降低3D打印混凝土结构的层间黏结强度；层间黏结强度随着时间间隔的延长而降低，当层间时间间隔为1 min时，黏结强度降低50%，层间时间间隔为1 d时，黏结强度降低90%。

Wolfs等研究表明，层间黏结强度随层间时间间隔的增长而减小，对未覆盖的试件，层间黏结强度的降低更明显。为提高层间黏结性能，Hosseini等在层间添加了一种树脂砂浆，该树脂砂浆由黑炭颗粒、硫黄和砂组成。采用环氧树脂与凯夫拉纤维可提高层间黏结强度20%，不使用强力黏合剂，单掺纤维对层间黏结性能的影响较小。在打印层间添加纤维素砂浆，可有效提高层间黏结性能，当层间时间间隔为 60 min 时，层间黏结强度仍然高于 1.91 MPa。

3D 打印混凝土材料的层间薄弱面造成材料在不同加载方向呈现不同的力学性能，即各向异性。Feng 等指出，当测试方向垂直于打印层方向时，抗弯强度最大。Paul 等对工程中的混凝土进行钻芯取样，发现 3D 打印产生的层间冷缝降低了试件的抗压、抗拉、抗弯强度。随着层间时间间隔的延长，层间界面弱化，试件的强度明显下降。Al-qutaifi 等测试了 3D 打印地质聚合物的抗弯强度，结果表明，3D 打印过程会降低试件的抗弯强度，且随着层间时间间隔的延长，降低幅度增大。Panda 等研究了 3D 打印玻璃纤维地质聚合物材料的力学性能，研究发现，地质聚合物在不同加载方向呈现出明显的各向异性，且纤维分布对抗拉、抗弯强度的各向异性具有较大影响。

提高打印层间界面性能是削弱材料各向异性、提高整体性能的有效方法，却难以完全克服各向异性对材料承载力的影响。根据不同的荷载工况，进行结构及打印路径优化设计，保证结构在有利的方向承受最大荷载，是解决 3D 打印结构各向异性的有效途径。

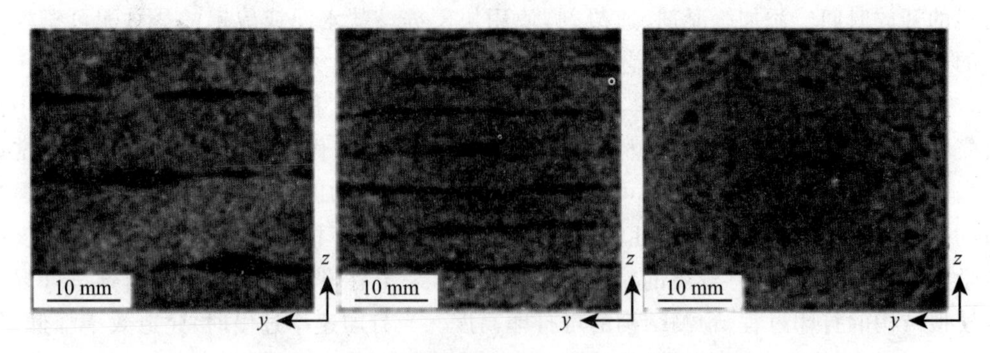

图 3-1　3D 打印混凝土试件的 CT 扫描切片图像

3.2　3D 打印混凝土的材料和配合比设计

对 3D 打印混凝土进行配合比设计，可得到试体墙在多因素条件下的良好形态特征；对打印试体墙的静置高度与扩展宽度进行评价，并将获得的数据结果进行直观分析、方差分析以及显著性检验。

胶砂比较小的时候，打印混凝材料往往由于混凝土的和易性差、骨料的不稳定等原因，造成输送管路阻塞，泵送高度与管道输送距离均受到限制，搅拌物料时也浪费大量时间和人力，材料的连续性也受到输送通道形状的影响。特别是低标号混凝土，其和易性与泵送性差，更不稳定，堵管、爆管的概率更高，通常提高砂率和增加胶凝材料可以改善上述问题，但同时也提高了混凝土的材料成本。研究人员发现，泡沫混凝土中掺入纤维素醚会使拌和物产生大量密闭小气泡，增加了混凝土的流动性，同时在水泥砂浆中起到保水、缓凝的作用。在普通混凝土中加入纤维素醚应该也有类似的效果，而掺入少量的纤维素醚，可得到3D打印混凝土材料较为可观的性能。

此外，3D打印混凝土的挤出连续性得不到保障，尤其是在材料的和易性不是很好的时候，容易出现试体断裂间断的现象。减小水灰比可以增大试体的静置高度，但静置高度与打印材料的流动度以及可塑造性能有关，流动度越大的试体的静置高度越难以保持，流动度越小反而给材料的管道泵送形成压力，在自重作用下形成不可逆的裂缝，严重影响试体墙的整体结构。纤维材料具有高强度抗拉的特点，以及界面与混凝土材料界面咬衔接优异的特点，可有效地限制试体内部材料的流动，咬合骨料传递应力，将不均匀受力和变形控制在材料自我拉结力的范围内，可进一步增强3D打印混凝土试体的可塑造性能。有文献记载，聚丙烯纤维在混凝土中的长短、掺量均有最优的选择，因此可以将不同长度和掺量的纤维掺入3D打印混凝土材料中，以得出打印混凝土材料中的最佳掺量。

（1）原材料的选取

①采用42.5R硅酸盐水泥，性能参数见表3-1、表3-2。

表3-1　42.5R硅酸盐水泥的化学成分

%

SiO_2	Fe_2O_3	Al_2O_3	TiO_2	CaO	MgO	SO_3	Na_2O	K_2O	其他
19.30	3.69	6.04	0.27	59.86	3.07	3.06	0.32	0.89	3.50

表3-2　42.5R硅酸盐水泥的物理力学性能

标准稠度需水量/%	细度（80 μm筛筛余）/%	凝结时间/min		抗折强度/MPa		抗压强度/MPa	
		初凝	终凝	3 d	28 d	3 d	28 d
23	4	250	340	3.40	8.00	18.7	44.6

②骨料中的粗骨料选用粒径小于5 mm的石子，细骨料选取粒径0.25～0.50 mm的中砂。

③添加剂包括速凝剂、减水剂、碳纤维。

（2）3D打印混凝土凝结时间控制

为了使混凝土凝结速度达到3D打印建筑的要求（初凝速度应控制在10 min之内），我们向硅酸盐水泥中加入一定量的速凝剂。速凝剂能极大程度地加速水泥水化的过程，缩短水泥的凝结时间。经过试验得出速凝剂掺量对于硅酸盐水泥凝结速度的影响，见表3-3。

表 3-3 速凝剂掺量对 42.5R 硅酸盐水泥凝结速度的影响

掺量（占水泥质量的百分比）/%	水灰比	室温/℃	温度/%	凝结时间	
				初凝	终凝
0	0.4	25	75	4 h 51 min	6 h 53 min
2	0.4	25	75	1 min 18 s	7 min 12 s
4	0.4	25	75	2 min 12 s	3 min 9 s
6	0.4	25	75	2 min 18 s	5 min
8	0.4	25	75	2 min 54 s	8 min 29 s

从表 3-3 中可见速凝剂对水泥凝结时间的影响巨大，在掺量达到 2%时就可使水泥的初凝时间缩短至 1 min 18 s。

(3)结论

本书选择速凝剂作为添加剂，对混凝土的凝结时间进行控制使混凝土的凝结时间能够在一定范围内得到灵活控制，满足 3D 打印混凝土建筑的需要，并适当考虑温度的影响。

为改善 3D 打印混凝土的流动性，本书选择减水剂作为添加剂，使混凝土在凝结之前保持良好的流动性，保证 3D 打印建筑能够顺利进行。对于 3D 打印混凝土的力学性能，本书对不同温度下加入添加剂后的混凝土抗压强度进行了测试，得出了其早期强度、28 d 强度等结果；并且为保证混凝土的抗拉、抗剪强度，向混凝土中添加了碳纤维。综合以上因素，本书得出了适用于 3D 打印混凝土建筑较优的混凝土基础配合比，如表 3-4 所示。

表 3-4 3D 打混凝土基础配合比

42.5R 硅酸盐水泥	中砂	碎石	水	速凝剂	减水剂	碳纤维
255	550	570	110	8	5	1

该基础配合比适用于温度在 20～25 ℃时，当温度发生变化时只需对添加剂成分进行适量调整即可。

3.3 3D 打印混凝土的配筋、标准等问题

钢筋混凝土结构作为建筑行业中常见结构之一，具备优越的耐久性与力学性能，可用于增强 3D 打印混凝土试件的耐久性和承载能力。但由于其自身刚度较高，在 3D 打印混凝土实际施工过程中，难以将钢筋以自动化的方式埋入混凝土中。若采用钢筋增强技术，似乎不能满足 3D 打印混凝土技术快速自动化施工的特点。但钢筋增强混凝土技术

作为3D打印混凝土增强技术中的一种,在某些特定工程中,仍有其应用价值。

3D打印混凝土结构同样也有着传统混凝土结构建造工艺中存在的问题。传统的现浇方法可以使用完整的钢筋笼配合浇筑混凝土,共同工作,混凝土主要承受压力,当混凝土退出工作后,钢筋还可以继续发挥作用,大幅度提高了钢筋混凝土结构的承载力;此外,由于钢筋是延性材料,屈服时有明显的变形,使得钢筋混凝土结构的延性提高,方便使用。但是由于3D打印混凝土无法配置钢筋笼,因此为了提高3D打印混凝土结构的受力性能可采用添加纤维、预设钢缆、改进打印机工艺以及分层铺设筋材等方法,大部分方法无法起到传统钢筋笼那样全面的加强作用。

基于上述问题,研究人员提出了一种用于3D打印混凝土构件的打印及配筋方法,该方法利用错缝打印的方法对3D打印混凝土结构减轻3D打印各向异性的影响,同时配置了受拉纵筋、架立筋及箍筋一体化的配筋,形成了拼装筋笼,提升3D打印混凝土结构的受力性能。

3D打印及配筋方法包括以下步骤。

①配合比的确定:配制适用于3D打印结构的混凝土,充分拌和之后,并测试相关的打印性能,需满足各项性能要求;否则应调整或重新配制,直至满足要求。

②根据设计要求,确定构件的相关参数、设备的相关参数以及配筋的相关参数;所述构件的相关参数包括长度、宽度以及荷载等;所述设备的相关参数包括挤出头尺寸、挤出量以及挤出速度等;所述配筋的相关参数包括配筋种类、配筋数量、配筋直径箍筋间距、纵筋弯起位置等。

③打印单层混凝土后铺设筋格,重复打印混凝土层和铺设筋格,直至形成完整的拼装筋笼,最后覆盖混凝土,形成完整的构件[所述步骤①中设计的混凝土强度等级≥C20,且≤C50;所述步骤①中配制3D打印混凝土宜选用硅酸盐水泥或者普通硅酸盐水泥,并应符合国家标准《通用硅酸盐水泥》(GB 175—2023)的规定。当采用其他品种水泥时,其性能指标应符合相关现行国家标准的规定]。

④粗骨料宜选用级配合理、粒型良好,质地坚固的碎石或卵石,最大公称粒径≤10 mm,且应根据实际打印设备的挤出头的出口直径 R 与筋材直径 r 进行调整,最大公称粒径在三者中取最小值。原因是为了防止湿切的时候出现损伤以及筋材插入的影响:粒径如果过大,在湿切的时候,可能会出现粗骨料在混凝土中滑移而造成机械损伤,此外,筋材的插入也可能会由于粒径过大的粗骨料而导致箍筋肢插入时出现偏差。粗骨料的粒径为5~10 mm;粗骨料的含泥量≤1%;细骨料宜选用中砂(包括但不局限于河沙、海砂、机制砂及再生砂);搅拌混凝土时不应出现离析、泌水的现象。

⑤性能要求混凝土的可挤出性:打印时可以观察到连续均匀、无堵塞、无明显的拉裂;要求混凝土的可建造性:打印时形态保持稳定且不倒塌;混凝土的坍落度在100~160之间,原因在于使用了纵筋平铺以及箍筋肢插入的工艺,需要较大的流动性,减少筋材的影响,同时可以填充放置筋材的时候造成的缺陷。

⑥当构件高度 $h<800$ mm时,$\theta=45°$;当构件高度 $h>800$ mm时,$\theta=60°$;纵筋的弯钩角度和长度与《混凝土结构设计规范》(GB 50010—2010)保持一致;筋肢长 S 要根据每

一层混凝土的高度确定，箍筋肢插入后，超出下一层纵筋的长度为一层混凝土厚度，同时连接相邻的两层混凝土，但是需要指出，初始层的箍筋不伸出箍筋肢，只将纵筋与架立筋联结即可；使用的筋材包括但不仅限于钢筋、复合筋等。

⑦打印混凝土要求错缝打印，不能采用改变打印方向的方式打印，尽量保证接缝与荷载方向垂直，防止加载时出现平行于接缝方向的分力。

⑧打印层数需要根据实际尺寸决定，最上层为打印尺寸，向下层层递增，打印完成湿切后可以回收材料再利用；湿切的位置比构件尺寸略大，硬化后再对多余的、不平整的部位进行干切，先粗略湿切、干燥硬化后干切能够防止对构件产生初始机械损伤；铺设筋格要求纵筋尽量避免置于混凝土的接缝中，防止出现混凝土与筋材黏结不足的情况；铺设筋格时，要求箍筋肢向下插入下一层纵筋以下，保证相邻两层筋格的搭接以及混凝土的连接；重复打印混凝土以及铺设筋格的步骤，直至形成完整的拼装筋笼，覆盖最后一层打印混凝土，养护完成后，将打印构件旋转 90°后投入正常使用。

与现有技术相比，此方法的优点包括以下方面。

一是错缝打印可以有效减少条间缺陷累积造成更大的缺陷，有利于减小 3D 打印混凝土各向异性的影响。

二是受拉纵筋和架立筋可以共同承受弯矩，两者中间的联结可以抵抗剪力；同时也可以设置弯起筋以共同抵抗剪力，由于是由多段筋材联结为一体，可以在混凝土的角部同样设置弯起。

三是受拉纵筋和架立筋联结成一体，可以确保筋笼的完整性及相对位置，使 3D 打印混凝土的配筋作用发挥更充分；同时筋笼能够保证双侧筋都有足够的承载能力，架立筋可以起负筋的作用，防止不确定的荷载造成破坏。

Mechtcherine 等在现有钢筋增强混凝土技术的基础上，利用气体保护金属电弧焊的方式实现钢筋增强 3D 打印混凝土效果，论证了工艺过程中竖向钢筋在带肋与不带肋情况下施工的可行性，并通过单轴拉伸试验，对钢筋增强 3D 打印混凝土的力学性能进行了分析，证明了带肋钢筋对增强 3D 打印混凝土力学性能具有积极效果。Kreiger 等以 3D 打印混凝土墙体为例，通过对比钢筋混凝土与传统混凝土结构和实际施工方案的差异，考虑成本，发现钢筋增强 3D 打印混凝土减少了施工所需的劳动力和时间，更具竞争力，进一步验证了钢筋增强 3D 打印混凝土技术的可行性与优越性。葛杰等在做 3D 打印混凝土与普通钢筋混凝土柱的对比试验时，对 6 根 3D 打印混凝土柱和 3 根普通钢筋混凝土柱进行了偏压试验，发现 3D 打印混凝土柱的极限承载力相较于普通钢筋混凝土柱降低了 10%～20%，在跨中挠度方面，小偏心增加 5%，大偏心增加 30%，为钢筋增强 3D 打印混凝土的实际应用与推广提供参考。

3.4 3D 打印混凝土的应用实例

3.4.1 3D 打印混凝土的应用

(1)3D 打印预制混凝土外墙在高层楼中的应用(装配式建筑案例)

One South First 是一座位于纽约布鲁克林的新型综合用途建筑,重新定义了豪华的海滨生活。这座可以俯瞰整个东河,拥有 42 层住宅塔楼和 22 层商业塔楼的建筑曾经是多米诺旧糖厂的所在地。新业主看到了该地块被打造成豪华滨海生活区的潜力,同时希望建筑的设计外观被最大化地利用,并用于欣赏滨水的景色(图 3-2)。

图 3-2 3D 打印混凝土外墙在高层楼中的应用(1)

预制混凝土外墙的特点是重复使用有角度且带深面连锁面板的白色预制混凝土,用来创造光与影的游戏,使刻板的外观变得生动(图 3-3)。在设计上,每个外立面都能根据具体的太阳方向自我调整遮挡,并且自我优化以减少冷却时的能源使用。Steve Schweitzer 说:"它提供了一个独特的机会——通过不同用途的能源的互补性来优先考虑能源的利用效率。"

窗户被开得很深,其侧面有不同角度的切面,用来捕捉光线并展示酸蚀后白色混凝土中的闪光沙。面板的正面抛光以提供一个光滑的反射表面补充酸洗表面。面板中的模具布局在整栋建筑中各不相同,因此外观设计有一种随机性。

图 3-3　3D 打印混凝土外墙在高层楼中的应用(2)

为了制作这个外墙，预制混凝土生产商在一个被称为增材制造的过程中使用了 3D 打印模具。3D 打印模具使快速生产大量带窗洞的面板成为可能。这种项目模具制造一般需要 40～60 h。但有了自动化的 3D 打印，时间被压缩到了 14 h。每个模具可以支持 200 多次浇筑，而传统的木制模具通常在使用 16～18 次后需要重新修整。这使得生产团队在制造外墙的过程中可以连续几天不停机。

(2)3D 打印混凝土拱桥应用

3D 打印混凝土拱桥采用节段化设计、模块化打印、信息化管理、装配化施工，也可于桥位现场原位打印，实现快速施工和绿色施工拱桥。拱桥设计可根据桥位环境、过水要求等采用实腹式拱桥或空腹式拱桥。

①拱圈 3D 打印。

拱圈打印前，要做好打印混凝土配合比设计，严格确保 3D 打印混凝土材料的物理特性，满足打印要求。布料打印前科学设置打印工艺，包括打印头形式和直径、打印速度、打印路径等，严格做好打印作业环境等的关键控制工作，通过 3D 混凝土试件打印，进一步调整合理的打印参数。

拱圈出厂前要做好预拼装，使预拼拱轴线与设计拱轴线吻合，运输要做好支垫，避免在运输过程中碰撞造成 3D 打印混凝土开裂、缺棱、掉角等破坏；拱圈安装采用单台吊机吊装施工，最大限度缩短工期及减小施工过程对环境的影响。起吊前要对吊点位置起吊安全进行验算。起吊前要将拱脚投影线在拱座基础勾勒清晰，以便于快速定位安装。主拱圈拱脚与拱座基础采用刚性连接，拱座施工时预留连接槽口，待主拱安装到位，在槽口处施工钢筋网片，灌注混凝土，实现刚性锁定(图 3-4)。

(a)

(b)

(c)

图 3-4　3D 打印混凝土拱桥过程图

(a)打印主拱;(b)打印腹拱;(c)主拱吊装

②拱上填料。

拱形结构桥梁自重较大,如何在拱上填料减小自重,对桥梁承载影响较大。混凝土 3D 打印桥梁的拱上填料采用泡沫混凝土。泡沫混凝土是一种轻质、保温、抗冻、隔音的自流平混凝土材料,自重是传统混凝土自重 1/10～1/2,干表观密度通常在每立方米 300～1 200 kg,在建筑结构中可降低自重 25%以上,其强度和自重可根据设计要求进行调整,施工效率高,体积稳定性好,现浇和预制质量都容易控制,拱上填料采用泡沫混凝土可极大程度减小拱桥自重。

③拱上侧墙壁板。

拱上侧墙壁板是为便于拱上填料浇筑和拱桥侧立面美观而设置的,采用清水混凝土或 3D 打印混凝土侧墙壁板,在工厂按照设计要求逐段分块预制,与主拱和人行道板以“承插式＋混凝土后浇节点”实现连接。

④人行道板。

人行道板可在现场主桥结构安装完毕后整体现浇,亦可采用标准块段预制、现场拼接的形式。如采用拼接,应加强拼接缝处的防水处理和有效解决单板受力问题,可采用水泥砂浆统一找平后安装,亦可将拱上填料内埋置的错固螺栓与人行道板预留孔位通过螺母连接。

由于混凝土 3D 打印是层层堆积的过程,打印出的混凝土会呈现出分层堆积、厚度不均、层间黏结性能差、混凝土开裂、建造成本高、打印精度和速度难以兼顾、施工和质量检验标准不统一等问题,这些都是混凝土 3D 打印技术工程化的制约因素。此外,应充分利用混凝土 3D 打印技术的灵活性,与三维激光扫描技术、全息照相技术等深度融合,广泛应用于古桥修复等领域。

(3)3D 打印混凝土月球建筑

2012 年美国航天局与美国南加州大学合作,研发出“轮廓工艺”3D 打印技术。2013 年荷兰设计师 Janjaap Ruijssenaars 采用 3D 打印技术建造仿莫比乌斯环的 3D 打印房屋。2013 年欧洲航天局同 Forster＋Parterners 建筑公司联手研发在月球打印一座空间站的项目(图 3-5)。2013 年英国 Softkill Design 建筑设计工作室使用 3D 打印技术以纤维尼龙为结构材料建造大批量民用住房。2013 年荷兰的建筑师制造了打印机,号称将建造 3D 打印运河屋。2014 年实现了 3D 打印运河屋组件的实际三维打印。2013 年中国上海盈创公司利用高标号水泥和玻璃纤维复合制造了首批 3D 打印建筑，引发国内外多方关注。2015 年苏州工业园区展示 3D 打印了一栋面积为1 100 m^2 的别墅和一栋 6 层居民楼。

图 3-5　3D 打印混凝土月球建筑概念图

3.4.2　3D 打印在其他领域的应用

(1)3D 打印在航天领域的运用

3D 打印已经渐渐在生产活动中站稳脚跟，很多行业因为 3D 打印的出现已经发生了翻天覆地的变化。

制造火箭发动机的喷射器需要精度较高的加工技术，如果使用 3D 打印技术，就可以降低制造上的复杂程度，在计算机中建立喷射器的三维图像，打印的材料为金属粉末，在较高的温度下，金属粉末可被重新塑造成我们需要的样子。

火箭发动机中的喷射器内有数十个喷射元件，要制造大小相似的元件需要一定的加工精度，该喷射元件测试成功后将用于制造火箭发动机，其作为未来太空发射系统的主要动力，使火箭进入更遥远的深空。

3D 打印技术在火箭发动机喷油器上的应用只是第一步，第二步是测试 3D 打印部件如何能彻底改变火箭的设计与制造，并提高系统的性能，更重要的是可以节省时间和成本，不太容易出现故障。

2012 年中国工业和信息化部联合中国工程院制定了我国 3D 打印技术的技术路线图与中长期发展战略。2013 年孙聪指出近年中国航空工业快速发展的原因就是 3D 打印技术已基本实现产业化，并已经处于世界领先水平。西北工业大学凝固技术国家重点实验室激光制造工程中心通过 3D 激光立体打印技术为国产客机 C-919 制造了长度超过 5 m 的钛合金翼梁。我国是制造业大国，3D 打印技术未来将有可能对我国的航空制造业产生变革与颠覆，因此我国的航空制造业应积极推进技术创新与投入资金进行设备研制。

(2)3D 打印在临床医学的运用

3D 技术在医疗领域为人熟知的一个应用在牙科整形领域。全球约有 23 000 名牙科医生通过 Cerec 软件帮助患者更快地得到牙套。Cerec 软件是具有一百多年历史的由德国西诺德(Sirona)牙科设备技术公司开发的计算机 3D 系统，可以通过对每一颗牙齿进行 3D 扫描，一次性自动完成最终牙套的制造。以往做烤瓷牙需要先磨牙，印牙模，然后戴上临时牙套煎熬一个星期才能装上真牙套。借助 Cerec 软件，牙冠修复从 7 d 缩短为半个小时，无须印模、无须戴临时牙冠，无须复诊，所有的过程都通过电脑控制的设备在 30 min 之内完成，你可以坐在治疗椅上，看着这一切轻而易举地完成。另一应用便是打印某些人体器官，例如气管。2012 年英国外科医生们在一名病人的肺部植入了一根 3D 打印的气管，使他的呼吸道保持畅通。几年之后，这根人造气管在体内自行溶解，那时候病人自身的支气管已发育到能够维持正常呼吸的水平。研究团队先给病人的呼吸道做了 CT 扫描，用得到的数据打印出了一个模具。然后，他们利用这个模具制造了一个合适的、柔韧的套筒来固定呼吸道。最后一步就是将他的支气管组织缝在这个套筒内。

3.5 3D 打印混凝土的研究和应用面临的挑战

(1)发展前景

与传统建筑施工建造技术相比，3D 打印技术的特点与优势主要有三点：第一点是建造速度快。在 3D 打印技术的支持下，混凝土能够快速实现各类单一原材料的融合，形成性能更加优良的复合材料，从而整体建设速度明显提高。第二点是施工安全。在 3D 打印技术支持下，整个建造过程无须大量人工参与其中，从而施工安全风险得到了合理规避与控制。第三点是施工成本低廉。由于 3D 打印建设期间无须使用模板，因此施工成本得到了明显节约，加之对各种废弃副产品的应用效率高，从而还具有绿色环保的特点。

未来，混凝土 3D 打印技术的发展趋势主要集中在以下几个方面。首先，需求会越来越多样化，需要打印机能够满足多样化的建筑形态需求；其次，优化混凝土配比并开发新型材料，以提高打印质量和效率；最后，提高打印机的机器精度、稳定性和自动化水平，实现完全数字化的建筑生产。

总的来说，混凝土 3D 打印技术是一项具有广阔前景的技术，将会对建筑业产生革命性的影响。虽然目前还存在不少挑战，但相信随着技术的不断发展和成熟，混凝土 3D 打印技术将会越来越成熟，成为未来建筑产业的重要组成部分。

(2)研究挑战

通过对混凝土3D打印设备、材料、软件、优化技术及混凝土3D打印技术实际应用进行分析,可知目前混凝土3D打印技术发展迅速,取得了许多成果,但仍存在一些不足,主要有以下几点。

①在设备体系设计及选择方面,D-Shape打印设备虽打印效率低,但其无须支撑即可打印建造诸如镂空、悬挑、中率变化大的试样。相关研究人员或技术人员需按照现实情况,合理选择适配场景的打印设备。为适应人工智能应用的发展趋势,混凝土3D打印技术必将成为建筑业智能建造中的重要一环,打印设备的绿色化、节能化是基本要求,需对其进行集成化和智能化提升。集成化要求打印设备能够与施工现场有关设备相结合,能够快速自动打印出整个建筑。智能化要求打印设备在进行复杂结构打印过程中能及时对打印环境、打印物样本等进行检查,反馈信息并做出调控,如需要依据打印物的凝结时间、可建造性等及时调整打印速率,甚至调整材料配合比,对打印物出现的异常及时调整打印机的动作,避免错误导致出现次品,减少材料浪费,节约打印时间。

②由于层层堆叠的技术特点,3D打印混凝土不管是水泥基、地质聚合物还是工业固体废物等材料,需满足可泵送、可挤出性、可建造性、合理的开放时间、良好的黏聚性和触变性,有必要对原材料的选择、配合比设计、外加剂的使用与打印性能、硬化性能、耐久性之间的关系进行更深入的研究。

③关于3D打印切片软件处理,最优打印路径规划、打印建造实时监控等特殊功能并没有实现,如何合理处理软硬件质量检查的协调关系,也是今后混凝土3D打印技术中需着重解决的问题。

④混凝土3D打印技术由于其层层堆积的建造工艺特性,不可避免地存在表观质量差、无法同步将钢筋植入打印构件、层间弱面及力学性能各向异性等缺陷,无法替代当前建筑行业现浇或模板作业,仍需对工艺技术进行优化设计,以此消除3D打印工艺对建筑物的负面影响。

⑤对于建筑行业来说,混凝土3D打印是一项高新制造技术,但目前还没有明确的相关标准和法规,对结构设计、建筑施工及认证验收等流程缺少指引,这阻碍了混凝土3D打印技术在建筑行业的发展,需建立混凝土3D打印技术在设计方法、施工工艺、验收标准等方面的相关标准体系。

⑥目前尚缺乏能完全满足可挤出性、可建造性和使用性能等要求的3D打印混凝土材料,也缺乏相应的制备理论、制备方法,而可打印性要求打印材料能够顺利输送和挤出,可建造性要求打印材料能够有较好的流变性能和早期强度,使用性能则是对材料后期服役性能,包括承载能力、隔音防噪性能、保温性能及耐久性能等方面的要求。要满足上述要求,基于传统施工技术的普通硅酸盐混凝土难以胜任,特别是其凝结时间要求与3D打印工艺要求相矛盾,因此,如果仍以传统水泥基材料作为打印材料,必须对其进行适当改性(如添加外加剂、使用纤维等),或开发满足3D打印要求的新型专用胶凝材料,但面临的挑战更大。

⑦打印材料的研究尚不能满足实际大范围打印需求。相比现浇混凝土,建筑3D打

印对材料的要求更高，需要打印材料具有良好的刚度、强度等力学性能，同时满足建造性、流动性的要求，目前混凝土 3D 打印材料难以兼顾上述性能，打印强度与承载力远不能与传统钢筋混凝土结构相比。因此需要对现有打印材料提出更符合 3D 打印技术的工程应用要求，并进行有针对性的研究。

(3)应用挑战

3D 打印不仅是一种全新的建筑方式，更可能是一种颠覆传统的建筑模式。与传统建筑技术相比，3D 打印建筑的优势主要体现在以下方面：更快的打印速度，更高的工作效率；不再需要使用模板，可以大幅节约成本；更加绿色环保，减少建筑垃圾和建筑粉尘，降低噪声污染；减少建筑工人的使用，降低工人的劳动强度；在节省建筑材料的同时，内部结构还可以根据需求运用声学、力学等原理做到一体化；可以给建筑设计师更广阔的设计空间，突破现行的设计理念，设计打印出传统建筑技术无法完成的复杂形状的建筑。

3D 打印建筑的优点归纳起来有以下几点。

①施工工期短，施工过程无污染。

当前我国的 3D 打印机可以在 1 d 时间内完成 10 幢 200 m^2 的建筑，这是传统建筑方式所不能达到的速度。整个“打印”过程，只需要一台 3D 打印机、一台计算机、3～5 人以及打印所需的材料。将图纸录入电脑，根据图纸以及相关数据，可以快速精准地完成建筑墙体、楼板的“打印”。打印所需原料是经技术处理过的牙膏状的新型混凝土混合材料，建筑 3D 打印机喷头的工作方式与制作蛋糕时的奶油裱花工艺相似，打印材料从喷头中喷出。这样简单的材料，一改日常建筑施工现场尘土飞扬、作业噪声大的施工环境，减少了材料、构件的运输。在建筑领域广泛运用 3D 打印技术，可将建筑能耗从 70%降低至 30%。

②材料环保，成本低。

从综合媒体对 3D 打印建筑的报道得知，3D 打印所需的材料是回收可利用的建筑垃圾，将其处理、加工、分离后，再与高强混凝土以一定比例相配合而形成 3D 打印建筑的材料。与传统的人工砌筑相比，3D 打印建筑避免了因尺寸差别而进行材料切割所造成的浪费。一次成型，避免返工。这些优点在如今提倡节能减排，绿色低碳的可持续发展的社会环境中是值得提倡和发展的。3D 打印的建造模式极大地减少了人工成本、运输成本、管理成本等。

③墙体自重轻。

3D 打印建筑所打印出来的墙体是空心的，为保证其结构支撑性能在中间添加 Z 形支撑。中间可添加泡沫材料以达到保温隔热、降噪吸声的目的。相比钢筋混凝土实心墙体，3D 打印建筑的墙体要轻许多。

④提高质量。

3D 打印的产品是无缝衔接的，结构稳固性和连接强度远高于传统建筑。据测算 3D 打印建筑结构的最高强度能达到 69.0 MPa，而传统人工建成的建筑结构强度一般只有 20.7 MPa。3D 打印机可听从电脑程序，顺序打印完一层自动爬上另一层，比人工建造更加保证了结构的稳定性；同时会依据计算确保房屋质量。住宅产业化较传统建造方式在房屋质量方面已经有了提高，解决了房屋渗漏、开裂等一些问题，引进 3D 打印技术后会进一步提高住宅的质量。

⑤有利于环境保护。

相比其他传统的建筑工艺，3D 打印建筑技术更加环保。例如，建造观景房过程中不再需要将水泥和木材运输至建筑工地，每一个设计只需要少量的原材料，使用的原材料减少从而减少了浪费，并且所有材料都可以熔化回收利用，甚至可以用 3D 打印机打印太阳能电池板直接铺于房屋外层。因此，将 3D 打印技术应用于住宅产业化将更加有利于环境保护。

⑥降低施工作业危险性。

用 3D 打印技术建造房屋将比现在的建筑技术更加安全，减少了施工现场高空坠落、坍塌、物体打击的事故。美国每年因为施工现场作业导致数万建筑工人受伤、数千名建筑工人死亡，使用先进的 3D 打印机技术建造房屋将会降低施工作业的危险，使工人工作环境更加安全。

⑦建造出复杂、特殊、个性化的建筑产品。

3D 打印技术打印越复杂的物品越能凸显出它的竞争优势，在建筑领域，当建筑师的一些奇思妙想的设计方案用传统的建筑方式无法完成时，3D 打印可以将其设计想法变成现实。无论怎样复杂的结构设计，只要能将图纸画出来，利用 3D 打印技术便可一次成型，解决了传统建造方式无法突破的难题。

⑧快速解决人口居住问题。

快速打印廉价的生存空间可能是解决社会快速变革所带来的人口居住问题的部分解决方案。理论上，3D 打印的增材制造是替代棚户区的解决方案。用 3D 打印技术建造房屋成本低廉，也无须太多人工，多数的建造过程由自动化机器人完成。

3D 打印建筑的缺点如下。

①材料结构性能不确定。

目前已经问世的 3D 打印建筑多数为 1 层或 2 层低矮的建筑，少数为多层住宅，但材料的耐久性、刚度、强度、承载力极限值等重要指标能否满足建筑行业内的规范还有待确定。打印出来的建筑能伫立多久、能使用多久仍然是未知数。3D 打印建筑是水平逐层打印，缺少纵向钢筋，所以打印出来的建筑能承受多大地震力荷载的作用也还没有相关的试验数据。

②行业内缺少相关规范。

3D 打印技术的理念提出于 20 世纪，在 21 世纪得以实现并加速发展。从时间来看，3D 打印技术的发展似乎是经历了很长时间。但 3D 打印建筑却是一个全新的领域，在建筑行业内还没有相关的规范条例。使用年限和房屋产权等一系列问题都没有相关规范。

③建筑的表面粗糙。

3D 打印技术运用逐层堆叠的原理。打印一层后，需要在等其牙膏状打印材料固化之后再进行下一层打印，通过层间紧密黏结保持墙体的整体性。正是因为底层材料固化之后上层材料才可以叠加，导致两层材料之间不能光滑过度，使得表面粗糙，并且只能形成样式简单且单一的条纹。若不进行外部装饰及室内装修,建筑外立面则不具有美观性。

④技术研发还不够成熟。

3D打印技术目前还处于初级阶段,制约其发展的关键因素之一是3D打印所消耗的材料,因此该技术成为主流生产建造技术还需要各方面技术的提高。另外3D打印耗时也是需要解决的技术难题之一,通常打印大尺寸零件需要好几天时间,甚至一个小的螺母也要打印十多分钟,所以3D打印技术目前并不适合大批量的生产,从长远来看,3D打印技术提高生产效率的关键还是打印耗时。同时,目前3D打印只局限于使用一种材料进行打印,在结合多种材料进行打印的技术水平方面还有待提高。同时,3D打印的耗电量很大,并且还没有找到质量、强度和耐久性等都很理想的材料。

⑤宏观规划和投入不足。

我国在先进制造业的发展、工业化生产转型等规划中对3D打印产业重视程度不足,目前我国小规模企业普遍没有足够的资金进行技术研发,阻碍了这些企业掌握3D打印的核心技术,目前将3D打印技术应用于打印建筑还是困难重重。

⑥技术人才的短缺。

3D打印技术融合了很多学科的专业知识,要将3D打印技术应用于建筑业需要培养复合型人才,而我国目前在这方面还有些欠缺。例如,无法购置足够数量的设备,应用研究领域较窄,学校教学中缺乏和3D打印技术相关课程,相关部门也缺乏相应的宣传和培训。

第四章　纤维复合材料及工程应用

4.1　纤维复合材料的性能

提起纤维复合材料首先要说明一个概念，就是“复合材料”。广义上，复合材料是指由两种或两种以上不同性质或不同组织的组分(单元)构成的材料。从工程概念上讲，复合材料是指以人工方式将两种或多种性质不同，但又性能互补的材料复合起来做成的新材料。复合材料的组分分为基体和增强体两个部分。通常将其中连续分布的组分称为基体，如聚合物(树脂)基体、金属基体、陶瓷基体；将纤维、颗粒、晶须等分散在基体中的物质称为增强体。21 世纪，先进复合材料的开发与应用将进入飞速发展的时期，因此复合材料增强体的开发十分重要。凡是在聚合物基复合材料中起到提高强度、改善性能作用的组分均可以称为增强材料。以环氧树脂为基体的复合材料用新型纤维状增强材料的品种有玻璃纤维、碳纤维、超高相对分子质量聚乙烯纤维、聚芳酰胺(芳纶)纤维、PBO 纤维、硼纤维等。

提起复合材料，很多人首先想到的是玻璃钢，也就是玻璃纤维增强的聚酯复合材料。但对入门者或非专业人员，说起复合材料往往有点似是而非的感觉。因为从广义角度讲，任何由两种或两种以上不同物理或化学性质的材料结合在一起，并且其中至少有两种材料之间保持了明显的界面，从而得到的不同于其组分材料物化性质的材料，都可以称为复合材料。根据这样的定义，食盐水、ABS 树脂或聚乙烯、聚丙烯熔融后的共同挤出物固然不属于复合材料，它们的准确名称分别是溶液、共聚物和共混物；而木屑胶合板和水泥砂浆混凝土则可以称为复合材料，不过按前面的定义，将加了轻质碳酸钙的乳胶漆(其成分通常有高分子聚合物粒子、颜料粒子等)称为复合材料似乎也无不妥，尽管实际上没有人这么叫。因此，从狭义的角度讲，复合材料是一类结构材料(structural material)。根据上述定义，其中至少一种组分材料是增强体(reinforcement)，一种是基体(matrix)。这样的材料实际上就是经过增强的复合材料。按照这种新定义，即便上述的乳胶漆是一种多相复合体系，但显然不是一种增强复合材料。同样，由于在木屑胶合板中，作为基体相的聚合物的强度通常比木屑的强度还大，因此很难将它们也称为增强复合材料。同理,水泥砂浆虽然是一种复合材料,但加入钢筋提高其抗拉伸性能后,所得的钢筋混凝土无疑就是增强复合材料。因此,增强复合材料的定义强调了复合材料作为结构材料的功能,明确了增强体和被增强体的关系,同时凸显了强度(strength)和刚度(stiffness),尤其是抗拉强度(tensile strength)的主导作用,当然也就比广义的复合材料定义清晰得多。

进一步来说,纤维复合材料是指那些以纤维为增强体的复合材料。纤维是物质的一种形态,通常指细长的物质,也就是长径比远大于1的东西。如果一种物质可以制成纤维,那么它的纤维抗拉强度比同等质量的自身材料的非纤维物体的强度大得多,而且纤维越细,这种差别越大,有些物质甚至可以差上百倍。这是因为对同一种材料来说,抗拉强度主要取决于被拉伸体内部和表面的缺陷,通常是这些缺陷导致材料在达到其理论强度值前被破坏。如果受力材料是一体的,这些源于缺陷的破坏会立即横向扩展,产生剪切效应,加速材料的断裂;如果制成纤维,当某根纤维断裂时,其所受应力立即被转移到其他纤维上,不会在同一位置出现大规模横向扩展,从而表现出更高的强度。此外,相同质量的纤维与其本体相比,所含的内部缺陷更少,进一步提高了它们的抗拉强度。需要说明的是,与一体材料相比,纤维的压缩强度则低得多,而且纤维越细,其压缩强度越小,这是因为越细的物体在受到压缩载荷时,越容易弯折屈服。因此,基体的主要功能之一就是固定和保持纤维的形状,提高其弯折屈服性,以得到一定的压缩强度。

纤维复合材料最早在20世纪40年代因航空航天工业的需要而问世,最初的形式如图4-1所示,俗称玻璃钢。此后,碳纤维、硼纤维、芳纶纤维等产品陆续出现。至今,纤维复合材料因其优异的比强度和刚度、耐疲劳性能、耐腐蚀、低密度等特性,已被大量应用于航空航天、风电汽车、体育器材、建筑等行业,成为现代工程领域中最重要的材料之一。

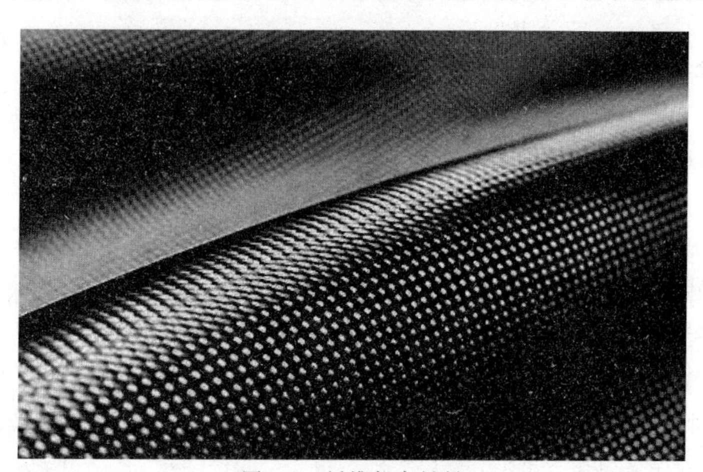

图4-1　纤维复合材料

纤维复合材料性能有以下三点。

(1)力学性能

纤维复合材料的强度和刚度都比传统的金属材料高,且密度低,因此具有质量轻、强度高的特点。它的强度可以根据所使用的纤维种类和体积比例进行调整。同时,纤维复合材料的疲劳寿命也比金属材料长,因为它不易出现裂纹扩展。

(2)热性能

纤维复合材料的热导率较低,隔热性能好,不易受热膨胀的影响,能够在高温环境下长时间稳定工作。纤维复合材料具有良好的耐热性和耐燃性,不易燃烧,一旦着火也不易蔓延。

(3)化学性能

纤维复合材料具有较好的抗腐蚀性能,不容易被酸、碱等化学物质侵蚀,可以在恶劣环境下使用。此外,纤维复合材料还具有良好的隔离性和电气性能,可用于制作电气绝缘材料、防腐材料等。

4.2 纤维复合材料在土木工程中的应用形式与设计方法

由于纤维复合材料具有良好的物理力学性能,因此目前已经广泛应用在各个领域,并且都取得了不错的效果。纤维复合材料包含很多种,其中主要有碳纤维、芳纶纤维以及玻璃纤维等,这些都是我们生活中经常用到的,而且它们都具有质量轻、强度高、耐腐蚀等特点。因此在20世纪80年代初,人们将其作为主要的工程施工材料广泛应用在工程施工中。纤维复合材料起初主要用于军事、航天、船舶等工程领域,并且取得了不错的效果,后来随着科学技术的不断发展,人们在原有的基础之上对其进行完善和改进,从而扩展到土木工程施工中来,对混凝土的修复和加固工作有着十分重要的意义。

4.2.1 纤维复合材料在土木工程中的应用形式

纤维复合材料在土木工程中有着广泛的应用,以下是几种常见的应用形式。

(1)碳纤维加固

碳纤维增强复合材料可以用于加固和修复混凝土、钢结构等受损或老化的结构。碳纤维片、布、板等形式可以粘贴或绑扎在结构表面,以提高其强度、刚度和耐久性。

(2)玻璃纤维增强聚合物(GFRP)构件

玻璃纤维与聚合物基质形成的复合材料可以用于制造桥梁、梁柱、板材等结构和构件。GFRP构件具有轻质、高强度和耐腐蚀等特点,可以替代传统的钢筋混凝土构件。

(3)纤维增强岩石支护

纤维增强岩石支护系统常用于采矿、隧道、地铁等工程中。在岩体内安装高强度的纤维复合材料锚索,可以增强岩体的稳定性和承载能力。

(4)纤维增强水泥制品

纤维增强水泥制品包括纤维水泥板、纤维水泥管等。这些制品中加入了纤维材料,提高了其抗拉强度和韧性,使其在建筑和道路工程中具有更好的性能。

(5)纤维复合混凝土材料

混凝土在施工建筑中具有重要作用,水泥抗压力小,传统混凝土抗腐蚀性差、抗拉强度低,将钢、碳等纤维加入水泥基体中形成复合型材料,能够提高混凝土的抗压性能,根据不同的建筑需求设计出不同特点的混凝土纤维,满足施工需要,例如,玻璃纤维混凝土、纤维增强混凝土等,提高了普通纤维的防水性能、机械性能、抗腐蚀性等,同时还可以吸收震动波,具有抗震效果,得到土木工程行业的认可。此外,纤维混凝土可以适当减轻建筑构件质量,加快施工速度,在建筑工程中具有重要作用。

(6)纤维聚合物筋

纤维聚合物筋包括具有强度大、抗压性能的碳纤维聚合物筋、芳纶纤维聚合物筋等,是一类经过纤维拉挤处理而成的复合材料,其工艺拉伸特性都有一定特点。纤维聚合物筋的可代替钢筋,用于新建和预应力混凝土结构中,加固土木工程的结构稳定性,也可以用于建设建筑、修复建筑构件等,例如,美国肯尼迪大厦修复沿海屋面工程,利用碳纤维聚合物筋的特性,稳固了建筑结构,获得了良好的效果。

(7)智能型纤维复合材料

随着时代发展,人们要求混凝土适应智能型多功能建筑的需要,智能型纤维复合材料包括磁场屏蔽纤维复合材料、水泥基屏蔽电磁波复合材料、温差水泥基复合材料、导电水泥混凝土等。第一,磁场屏蔽纤维复合材料能够弥补传统材料不能很好地屏蔽电磁波干扰的不足,智能纤维可以解决电磁波出现的若干问题,屏蔽磁场,给建筑工程带来方便。第二,水泥基屏蔽电磁场复合材料是以碳纤维、铝纤维、钢纤维为材料加入水泥基体中混合而成,可以屏蔽电磁波,并且还能够用于交通导航系统中,提高了混凝土的功效。第三,温差水泥基复合材料具有热电效应,将碳纤维的性能融入混凝土材料使其具有多效性能,可以检测建筑的温度、电力情况,为建筑提供电能。第四,将导电纤维运用到混凝水泥中,能够提高混凝土抗损伤能力,提高安全耐用性,导电纤维具有适当比例的导电性,用于混凝土建筑结构中可以除去建筑的静电,下雪时对于路面融雪也起到了一定作用,应该不断探索研究,在导电取暖等方面创造更多适合建筑需求的功能,推动建筑发展。此外,还有自修复混凝土、应变自感应混凝土等智能型复合材料。随着时代的发展,更多智能型纤维复合材料将被运用到建筑工程中。

(8)结构补强材料

土木工程中有关纤维片补强以及修缮的过程,多是采用纤维复合结构补强材料完成修补项目,弥补建筑安全性相关问题缺陷,增加建筑耐用性等建筑后期维护都需要纤维结构补强材料,多使用碳纤维和芳纶纤维进行外部巩固。纤维复合补强材料被广泛应用于建筑行业,质密且轻,使得施工可操作性变强,降低了工程施工的难度系数,加快施工进度,受到建业界的青睐。例如,我国南京长江大桥后期修复就运用了纤维复合补强材料。

纤维复合材料种类繁多,除了以上介绍的几种以外,土木工程中纤维复合材料的应用还包括纤维增强胶接层板、纤维增强塑料模板、屋面防水材料、电磁屏蔽板和导电板等,它们各自都有不同的特点,是土木建筑工程中必不可少的材料,且将越来越多地应用于建筑施工中。纤维复合材料在土木工程中被广泛应用于结构加固、修复和新建工程等方面。它以其出色的性能和优势，逐渐取代传统的材料，为土木工程提供了更加可靠和持久的解决方案。在设计过程中，我们需要考虑纤维复合材料的选择、定位、布置和构造等关键因素。首先，设计过程的第一步是选择合适的纤维复合材料。纤维复合材料包括碳纤维、玻璃纤维等多种类型，每种材料都有其特定的性能和适用范围。根据工程的具体要求和材料性能，选择适合的纤维复合材料是非常关键的。其次，纤维复合材料的定位和布置也需要进行合理设计。根据结构的损伤类型和区域，确定纤维复合材料的应用范围和位置。一般情况下，纤维复合材料应布置在结构受力集中或容易出现损伤的部位，如梁柱节点、墙体裂缝等。同时，要考虑到纤维复合材料与基体材料的黏结性能，以确保纤维复合材料能够有效地传递受力。纤维复合材料的构造设计也是设计过程中的重要步骤。在施工过程中，纤维布片或布带与基体材料形成一体化的结构。设计人员需要根据结构的要求和受力情况，合理确定纤维布片或布带的层数、角度和布置方式。另外，要注意预留出足够的空间，确保纤维复合材料的有效使用和施工的顺利进行。再次，设计人员还需要对纤维复合材料进行力学性能的评估和设计计算。通过合理的力学分析，确定纤维复合材料的尺寸、强度和刚度等参数，以确保其在设计寿命内能够满足结构的要求。此外，还需要注意考虑纤维复合材料与基体材料之间的相互作用，以确保整个结构的稳定性和可靠性。在纤维复合材料的设计过程中，还需要充分考虑施工的可行性和经济性。设计人员应根据实际情况，选择合适的施工方法和工艺，确保施工过程的顺利进行。同时，还需要对材料的使用量和成本进行合理控制，以保证整个工程的经济效益。

通过合理设计和施工，纤维复合材料可以有效地提高结构的承载能力和抗震性能，延长结构的使用寿命，为土木工程提供更加可靠和持久的解决方案。

4.2.2 纤维复合材料在土木工程中的设计方法

纤维复合材料是由纤维和基质材料组成的复合材料，其在土木工程中的设计方法涉及以下几个方面。

(1)材料选择

纤维复合材料有多种类型，包括碳纤维、玻璃纤维、芳纶纤维等。在设计中需要根据工程要求和目标，选择具有适当强度、刚度和耐久性的纤维材料。同时，还需考虑材料的可获得性、成本和施工方便性。

(2)工程评估

在设计之前，进行工程评估是很关键的。这包括对结构进行详细的损伤评估和分析，确定损伤类型、程度和位置。设计人员通过了解结构的受力状态，可以合理规划纤维复合材料的使用位置和布置方案。

(3)设计配置

确定纤维复合材料的布置方式和数量是设计中的重要一步。可以根据结构的受力情况、预期的增强效果和经验，选择适当的纤维复合材料形式，如布片、布带或预制板。同时，要注意纤维复合材料的位置和方向，以最大限度地提高结构的承载能力和耐久性。

(4)界面处理

纤维复合材料的黏结性能对于结构的强度和稳定性至关重要。设计时需要考虑使用适当的黏结剂或胶黏剂，确保纤维与基质之间的黏结牢固，还可以采用表面处理方法，如喷砂或刮腻子，增加纤维复合材料与基质之间的黏结面积和黏结强度。

(5)考虑各种加载条件

在设计过程中，需要考虑结构所承受的各种加载条件，如静载荷、动态荷载、温度变化等。根据不同的加载条件，合理调整纤维复合材料的布置和数量，以提高结构的整体性能和稳定性。

(6)合理施工和监控

纤维复合材料的施工过程需要严格控制，确保材料的正确安装和固定。设计人员应提供详细的施工规范和监控方法，以确保施工质量和效果的一致性。此外，还应定期进行结构监测和评估，以检查纤维复合材料的效果，并根据需要进行维护和修复。

(7)结构强度计算

在设计纤维复合材料加固结构时，需要进行强度计算以确定纤维复合材料的尺寸和层数。这涉及纤维复合材料的强度性能和基底材料的强度特性。设计人员可以使用有限元分析等工具来评估结构的受力和承载性能，并根据计算结果确定纤维复合材料的设计参数。

(8)环境考虑

在设计纤维复合材料结构时，设计人员需要考虑环境因素对材料性能和结构行为的影响。例如，湿度、温度和化学物质等环境因素可能会对纤维复合材料的性能和持久性产生影响。因此，在设计过程中设计人员要考虑结构的暴露环境，并选择适合的纤维复合材料和保护措施。

(9)施工工艺

纤维复合材料的施工工艺对于结构加固的效果和质量至关重要。设计人员需要合理选择施工方法和操作步骤，确保纤维复合材料的正确安装和固定。此外，要对施工人员进行培训和指导，以提供正确的施工技术和要求。

(10)质量控制和验收

设计纤维复合材料结构时，应建立质量控制程序，确保纤维复合材料的质量以及施工过程的合规性。同时，对已加固结构进行验收测试，以验证加固效果和结构性能。

(11)维护与监测

纤维复合材料结构的维护和监测是设计过程中的重要环节。需要制订合理的维护计划，并定期对结构进行检查和监测。通过定期监测，可以及时发现结构的变化和问题，并采取相应的维修和保养措施，以保障结构的稳固。

总之，设计纤维复合材料的过程是一个综合考虑材料性能、结构要求、施工工艺和环境因素的过程。通过合理的设计和工程实施，纤维复合材料可以为土木工程提供可靠的加固和修复方案，提高结构的耐久性和承载能力。

4.3 土木工程纤维复合材料结构的标准规范

土木工程中的纤维复合材料结构设计和施工需要遵循一系列的标准规范，以确保结构的安全性、可靠性和耐久性。表 4-1 所列是一些常见的标准规范，用于指导纤维复合材料结构设计和施工。

表 4-1 纤维复合材料标准规范

序号	标准规范	发布机构	详细信息
1	ACI 440.2R-17	美国混凝土学会(ACI)	该标准提供了纤维混凝土结构设计和施工的指南，包括材料、设计和施工要求等方面
2	FIB Bulletin 14	国际结构混凝土协会(FIB)	该标准提供了纤维混凝土结构设计和施工的全面指导，包括原理、设计方法和施工要求等内容
3	ISO 10406-1	国际标准化组织(ISO)	该标准规定了在土木工程中使用纤维增强复合材料的技术要求和试验方法
4	JGJ/T 416—2016	中华人民共和国住房和城乡建设部	该标准规定了纤维增强材料加固混凝土结构工程中的设计、施工和验收要求
5	CSA S806-12	加拿大标准协会(CSA)	该标准提供了针对纤维增强聚合物的设计和施工指南，适用于加固和修复混凝土结构
6	Eurocode 2、Eurocode 8	欧洲标准委员会	Eurocode 2 包括混凝土结构的设计规范，Eurocode 8 包括地震荷载的设计规范。这两个标准共同适用于纤维复合材料结构的设计和施工

需要注意的是，标准和规范是为了确保工程的质量和安全性而制定的，因此在实际工程中，应与相关规范的最新版本保持同步，并根据具体情况寻求专业工程师的指导和审查。这有助于确保纤维复合材料结构的设计和施工符合高质量的要求，并最大限度地提高结构的性能。综上所述，纤维复合材料结构的设计和施工需要遵循一系列的标准规范，这些规范提供了对纤维复合材料的选择、结构设计、施工工艺和质量控制的指导和要求。遵循这些规范能够确保纤维复合材料结构的安全性和可靠性，提高土木工程结构的性能。

土木工程纤维复合材料结构的标准规范由相关的专业协会、政府机构或标准化组织制定和发布(表 4-2)，以确保纤维复合材料结构的安全、可靠性和质量。

表 4-2　标准规范类型

规范类型	详细信息
材料标准	规定了纤维复合材料的材料性能、质量控制和验收标准，包括纤维材料的类型、规格、力学性能、耐久性、防火性能等
设计规范	规定了纤维复合材料结构的设计方法、计算公式、安全系数等，包括结构形式、荷载分析、强度计算、稳定性分析、变形控制等
施工规范	规定了纤维复合材料结构的施工方法、工艺流程、质量控制等，包括材料准备、工艺参数、施工顺序、质量检验等
验收标准	规定了纤维复合材料结构的验收方法、验收标准、验收程序等，包括材料质量、结构尺寸、力学性能、耐久性、防火性能等
维护保养规范	规定了纤维复合材料结构的维护保养方法、周期、质量控制等，包括定期检查、清洁、防腐等

4.4　土木工程纤维复合材料结构的研究与应用进展

土木工程中纤维复合材料结构的研究是一个不断发展和进步的领域。纤维复合材料结构是指将纤维复合材料用于设计、建造和修复的土木结构。这种结构具有许多优点，包括高强度、轻质、抗腐蚀和高耐久性等。在过去的几十年中，专业人士对纤维复合材料结构进行了广泛的研究和实践，以不断改进和推动技术的发展（表 4-3）。

表 4-3　纤维复合材料结构的研究

研究方向	相关内容
纤维复合材料性能研究	力学性能、耐久性、热性能、阻燃性能等
纤维复合材料结构设计理论	强度理论、应变兼容性理论、损伤力学等
纤维复合材料结构模拟与分析	有限元分析、计算模型、数值算法等
纤维复合材料结构加固与修复	粘贴、缠绕、灌浆等方法
纤维复合材料结构耐久性研究	湿热环境、化学腐蚀、紫外线辐射等
纤维复合材料结构应用研究	桥梁、建筑、海洋工程、汽车工程等
纤维复合材料可靠性与损伤评估研究	可靠度分析、寿命预测模型等
纤维复合材料与传统结构比较	性能对比、成本效益分析、施工工艺对比等
纤维复合材料结构可持续性研究	材料回收再利用、生命周期评估、节能减排等
纤维复合材料创新应用研究	新兴领域中的应用，如太阳能领域、道路交通设施、航空航天工程等

续表

研究方向	相关内容
纤维复合材料标准与规范研究	标准与规范的制定与更新，建议和推动相关的标准和规范的发展与进步
纤维复合材料抗震性能研究	抗震设计原则、增强技术、地震损伤评估等
纤维复合材料火灾安全性研究	阻燃性能、燃烧速率、烟气产生、结构的耐火性等
纤维复合材料大型试验与实测研究	结构行为的验证
纤维复合材料维护与养护研究	维护方法、定期检测、修补等
纤维复合材料与新型建筑材料融合研究	与其他新型建筑材料的融合

这些研究方向显示了纤维复合材料结构在土木工程中的广泛应用和持续发展。研究人员通过试验、模拟和现场应用等手段，不断推动纤维复合材料结构的技术进步，为工程实践提供更安全、高效和可持续的解决方案。随着科学技术的发展和工程实践的推进，纤维复合材料结构在土木工程中的应用将会越来越广泛，为建设更可靠和可持续的基础设施做出贡献。

纤维复合材料有良好的成型性和可加工性，目前纤维复合材料加固是现有结构加固改造中最为有效的解决方案之一，以此为基础形成的板材、布材、片材纤维复合材料在道桥、建筑、岩土、海洋以及特种工程（隧道、涵洞、烟囱、壳体）加固中都有广泛的应用，同时纤维复合材料可以用作极端条件（如高温、盐碱、腐蚀、冻融循环、爆炸和冲击等环境）下改善结构性能的优良材料。研究人员使用有限元模型对轴向受压的纤维复合材料约束的矩形混凝土柱进行非线性分析，并根据现有试验研究中的矩形截面试件对模拟结果进行了验证、Williams 等通过试验研究了两种纤维复合材料加固的 T 梁在火灾条件下的性能，表明碳纤维增强复合材料和玻璃纤维增强材料在 250 ℃和325 ℃ 时强度损失约为 50%。Silva 团队研究发现，在盐水环境中暴露 1 000 h 对纤维复合材料没有明显影响，而在暴露 10 000 h（约 13 个月）时，纤维复合材料和混凝土界面遭到严重破坏。Green 团队将纤维复合加固的构件在碱性条件下维持 3 000 h 后发现，在23 ℃ 环境下其极限承载能力最高下降了 23.3%，当温度从 23 ℃升高 60 ℃过程中，其强度变化不明显。纤维复合材料加固在桥梁工程中也得到了广泛的应用。

德国的 Albstadt 人行桥是世界上第一座用纤维复合材料增强的混凝土人行桥，由于架桥地点有防冻要求，防冻剂带来的盐危害较大，为了满足抗盐要求，该桥采用间距 38 mm 的碳纤维网加固，主梁上采用两层碳纤维网，并在桥梁转角采用 U 形纤维网，该桥不采用钢筋，弯矩和剪力全部由纤维网承担，为了验证该桥的性能，研究人员采用足尺模型进行荷载试验，验证了结构的安全可靠，经过长期的实践，桥梁依然完好无损。纤维复合材料锚杆在边坡加固基坑支护中也得到了有效应用。在长沙高速公路红砂岩段边坡加固工程中，由于当地基岩多为红砂岩，还存在大量的泥质胶结物，地质条件差，风化严重，且坡度高、坡度大，工程采用了长为 6 m 的玻璃纤维增强材料锚杆加固，加固后边坡系数达到了 1.32，尽管在暴风雨季节边坡依然产生位移，但其滑移量要远远小于采用常规锚杆的边坡。随着加固技术的发展，纤维复合材料-钢板复合加固的形式越来越受到重视。加固材料的选择取决于现有结构的材料类型、施工技术、环境条件、可行性以及经济性等。尽管纤维复合材料的弹性模量低，但它具有很高的抗拉强度，可以将钢筋混凝土梁的极限强度提高到原来的 2 倍，同时使钢筋混凝土梁具有出色的抗剪切和抗扭转能力，但纤维复合材料加固依旧面临诸多的问题，在有效利用纤维复合材料极限应变的前提下，纤维复合材料加固最常发生的破坏是其脆性的脱落破坏，如何保证层间应力的有效传递，保证黏结层的黏结强度和耐久性仍是一道难题。如果混凝土内部黏结强度过大，加之混凝土和纤维之间质量差，会使纤维复合材料本身提前断裂而退出工作，纤维复合材料允许的应变仅为极限应变的 10%～25%，多层纤维复合材料这一数值更低。纤维复合材料锚杆断裂也是一个关键问题，由于锚杆中常用的玻璃纤维增强材料具有一定的脆性，当钢套管滑落时，锚杆头容易受到挤压，玻璃纤维增强材料锚杆容易断裂，另外，由于玻璃纤维增强材料的断裂伸长率最大在 3%左右，玻璃纤维增强材料锚杆的能量不能有效分散，限制了锚杆的允许应变，因此玻璃纤维增强材料锚杆在地震作用下的性能比钢锚杆要差。

纤维复合材料应用进展分为全纤维复合材料结构和纤维复合材料组合结构。纤维复合材料结构主要应用于中小跨度的桥梁工程，例如位于荷兰的 Delft 人行桥，如图 4-2 所示；此外还有位于中国河北省的彩虹桥等，如图 4-3 所示。目前在世界范围内掀起了一股纤维复合材料桥梁的热潮。Wei 团队等对欧洲 8 座纤维复合材料桥梁的动力特性（模态、固有频率和阻尼比等）进行了评估对比发现，纤维复合材料人行桥在相同跨度下具有相似的基本频率，与结构材料无关；第一竖向模态下的平均阻尼比是钢-混凝土组合桥的 2.5 倍，但低于木桥；纤维复合材料人行桥的频率和阻尼比与响应幅值有关，由于结构频率随振幅变化时难以产生共振响应，固有频率的这种振幅依赖性可能会改善这些桥的振动性能；另外，纤维复合材料人行桥的平均加速度峰值比常规人行桥的加速度峰值高 3.5 倍。

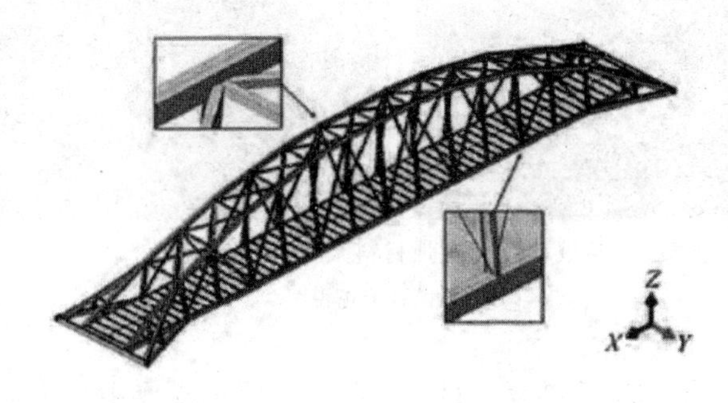

图 4-2 荷兰 Delft 人行桥

图 4-3　中国河北彩虹桥

Izabela 团队对两座具有不同结构布局的玻璃纤维增强材料人行桥的动力特性以及行人和车辆荷载作用下的振动性能进行了研究，并用有限元软件 ABAQUS 计算，如图 4-4 所示。研究结果表明，尽管玻璃纤维增强材料人行桥具有低质量和低刚度的特性，但在行人和重型车作用下人行桥没有因振动而引起破坏；U 形梁结构的固有频率为 5.71 Hz，超出行人动态影响的范围，不会产生共振，但双层拱结构最低固有频率为 2.68 Hz，它与人跑步时的频率一致，易产生共振，考虑到行人荷载，U 形梁结构形式的人行天桥要更好；考虑到有车辆通过时的动态荷载，车辆动态荷载的频率特性取决于车辆速度，由于慢车通过时频率接近所研究结构的固有频率，因此实际工程中对车行桥的车速必须加以限制。

图 4-4　玻璃纤维增强材料人行桥有限元模型

(a)侧视图；(b)正视图

纤维复合材料组合结构用纤维复合材料代替橡胶隔震支座中的钢板是一种新思路。袁谱团队对冻融条件下纤维复合材料橡胶隔震支座的力学性能进行了试验研究，对12 个纤维复合材料橡胶隔震支座分别进行冻融循环处理 25 次、50 次、75 次，并进行刚度性能试验，对试验前后的支座性能进行了对比分析发现，冻融后支座的水平刚度比常温下的水平刚度要高。橡胶因冷冻引起强度变大、脆性增大，加之基体材料膨胀吸湿，导致支座水平刚度随测试时间的延长下降了3.26％～43.25％，极限压应力和剪应变也越来越小。同时，当压应力不变时，水平刚度与剪应变呈负相关；当剪应变不变时，水平刚度与压应力也为负相关。有橡胶保护层的隔震支座力学性能要明显好于无保护层的支座。钢管混凝土柱被广泛用在结构中，这种柱的常见失效模式是柱端的向外局部屈曲，而将纤维复合材料应用到钢管混凝土柱中可以有效抑制这种局部屈曲。Butje团队对纤维复合材料-混凝土-钢中空组合柱(DSTCS)进行研究，发现DSTCS[图4-5(a)]的受力可以总结为两个阶段：内钢管屈曲之前，力学性能受纤维复合材料控制；内钢管屈曲之后，力学性能主要受内钢管控制。空心率和钢管的径厚比对力学性能影响较大，外圆内圆截面形式的DSTCS力学性能最好，外圆内方截面形式力学性能较差，且内钢管强越高，组合柱的力学性能越差。如图4-5(b)所示，纤维复合材料-钢-混凝土实心混合柱(CCFTS)是另外一种形式的组合柱，它将纤维复合材料整个缠绕在钢管外表面，相较于DSTCS，CCFTS中钢管和纤维复合材料对内部混凝土提供了双重约束，极大提高了混凝土的极限应力，且纤维复合材料提供的约束力要远大于钢管，因此该组合柱最终破坏均为纤维复合材料的环向断裂。典型纤维复合材料组合柱横截面受力可分为混凝土未受约束阶段、纤维复合材料和钢共同约束阶段和纤维复合材料单独约束阶段。但如果钢管厚度过大，其不均匀膨胀会影响纤维复合材料的约束作用。还有其他形式的组合柱，比如在钢管和混凝土中加一层软泡沫带、纤维复合材料混凝土型钢柱等，无论哪种形式的组合柱，虽然纤维复合材料可以提供持续的约束，但脆性依然比较明显，破坏前没有明显的征兆。

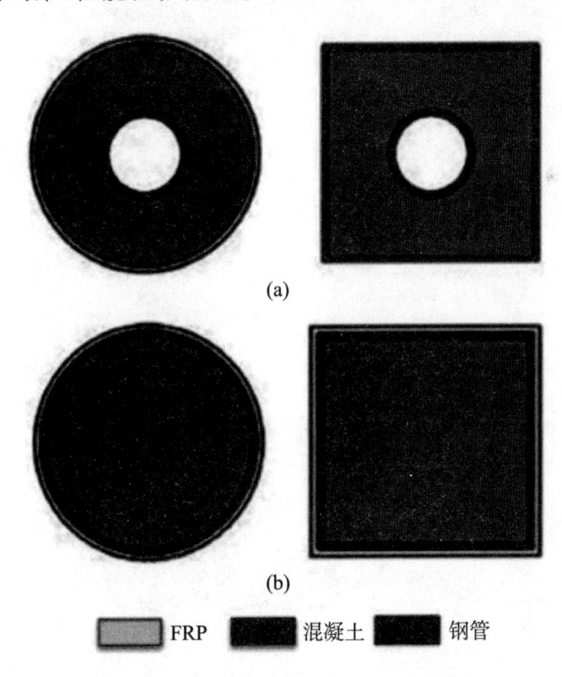

图4-5　典型纤维复合材料组合柱横截面

(a)DSTCS；(b)CCFTS

纤维复合材料凭借其优良的性能在土木工程建设中得到了广泛的应用，从长远来看，还需要在以下三个方面进行深入研究。

第一，纤维复合材料需要根据实际需要选择基体和增强体，不同的组合性能相差很大，而关于材料本构关系的研究还比较缺乏，应该继续开展对纤维复合材料的力学性能、结构性能和实际应用的系统理论研究；另外，纤维复合材料本身弹性模量低以及抗压、抗剪强度低极大限制了它的应用，应该开展相关理论及试验研究弥补这些不足。

第二，无论纤维复合材料筋、纤维复合材料加固还是纤维复合材料结构，如何保证与其他材料连接的可靠性是重中之重。目前纤维复合材料在结构中的破坏大部分是界面的破坏（材料界面发生脱落、剥离），如何确定材料之间相互作用、保证材料协调稳定还需要进一步探索研究。

第三，目前关于纤维复合材料的规范和条例还不够完善，应根据研究成果规范纤维复合材料结构的设计、生产、检验、试验、应用和施工，提高纤维复合材料生产和安装的一致性和安全性。虽然纤维复合材料的应用越来越广泛，但目前中国从技术、质量，特别是对新技术、新产品的开发和应用与发达国家仍有差距。中国应加大对纤维复合材料在土木工程领域的基础技术研究的投入，促进纤维复合材料产业化进程，同时，加强与其他领域的合作，从而全面提高土木工程领域纤维复合材料的研发、生产及应用能力。随着不断地研究实践，纤维复合材料在土木工程建设中必将发挥更重要的作用。

第五章　X 射线物理基础

5.1　X 射线的本质

X 射线是一种电磁辐射，具有高能量和短波长的特点。它是通过高速电子碰撞物质原子内部的电子从而释放能量时产生的。X 射线的本质是电磁辐射，它与可见光、无线电波和其他电磁波一样属于电磁谱的一部分。它的波长范围通常为 0.01～10.00 nm，对应的频率为 30 PHz 至 30 EHz。

X 射线是在 X 射线管中产生的，该管中包含一个阴极和一个阳极，当高压电流通过阴极时，会产生高速电子流。这些高能电子撞击到阳极上的特定材料(通常是钨)，释放出能量。这个过程产生了 X 射线。在原子层面上，X 射线产生于物质的内部能级跃迁。当高能电子撞击物质的原子时，会将一些内层电子从内壳层中释放出来，形成一个空位。其他外层电子会填补这个空位，释放出多余的能量。这些能量以 X 射线的形式被发射出来。

X 射线在物质中的相互作用表现出多种特性，如能量吸收、散射和透射。它们可以穿透许多物质，具有较强的穿透能力。这使得 X 射线在医学影像、材料检测和科学研究等领域具有广泛应用。X 射线由高速电子与物质原子相互作用而产生。它在物质中的相互作用特性使其成为许多实践领域中的重要工具。与可见光、无线电波、γ 射线等本质上是一样的，只是它们的波长不同而已。X 射线的波长比可见光的波长要短得多，因此它具有更强的穿透本领和更强的荧光效应。

在土木工程中，X 射线技术被广泛应用于无损检测和结构分析。X 射线可以穿透建筑材料，并根据材料内部结构的不同而产生不同的衰减。这种衰减现象可以被用来检测材料的缺陷、厚度、密度等参数，从而评估材料的质量和结构的稳定性。

X 射线的衰减与材料的密度、厚度、化学成分等因素有关。一般来说，材料的密度越大、厚度越厚、化学成分越复杂，X 射线的衰减就越明显。此外，X 射线的能量也会影响其衰减程度。能量越高的 X 射线，穿透能力越强，但同时也会更快地被材料吸收，导致衰减更快。

在实际应用中，X 射线技术通常需要结合其他检测手段，如超声波、磁粉检测等，来更全面地评估材料的质量和结构的稳定性。同时，应用 X 射线技术也需要严格遵守相关的安全规定和操作流程，以确保操作人员和环境的安全。

除了在土木工程中的应用，X 射线技术还被广泛应用于医学、工业、材料科学等领域。例如，在医学领域，X 射线可以用于诊断疾病、观察骨骼和器官的结构；在工业领域，X 射线可以用于检测金属部件的缺陷和裂纹；在材料科学领域，X 射线可以用于研究材料的结构和性质。总的来说，X 射线技术作为一种非常重要的检测和分析手段，在许多领域都有着广泛的应用。随着科技的不断进步，X 射线技术也在不断发展和改进，为人们的生产和生活带来更多的便利。

5.2　X 射线的产生

X 射线的产生于 X 射线管，X 射线管是一种专门用于产生 X 射线的电子设备。在 X 射线管中，通过高电压和特定的电子发射材料产生高速电子流，当这些高能电子撞击到靶材上时，就会产生 X 射线。

X 射线管主要由阴极和阳极组成，它们位于真空管内。阴极是一个由丝状钨丝组成的热阴极，它可以通过加热释放出自由电子。阳极是一个金属片或环，通常用钨作为材料，它位于阴极的正前方，在真空管中与阴极之间产生高电压。

当 X 射线管通电时，加热阴极上的钨丝会达到较高的温度。这样，钨丝上的电子将具有足够的能量逃逸出钨丝表面，形成自由电子。这个过程称为热电子发射。

自由电子受到阳极的正电场吸引，开始向阳极方向移动。真空管的设计可以使电子聚集到一个电子束中，并加速电子的运动。当高速电子束撞击到阳极上的目标材料（通常是钨）时，会产生两种主要的碰撞过程：弹性碰撞和非弹性碰撞。在弹性碰撞中，电子与原子的外层电子互相作用，电子受到排斥力而改变方向，造成光子的散射。这种散射被称为康普顿散射，它是 X 射线与物质相互作用的一种方式。在非弹性碰撞中，高速电子与物质原子中的内层电子相互作用，导致内层电子被剥离出原子。当其他外层电子重新填补这个空位时，会释放出多余的能量以光子的形式存在，这就是 X 射线。

当非弹性碰撞发生时，释放出的能量以 X 射线的形式发射出来。这些 X 射线的能量取决于电子撞击内壳层电子的能量差异。X 射线的能量范围非常广泛，从低能量的软 X 射线到高能量的硬 X 射线。X 射线的频谱取决于阴极电流和阳极电压的设置，不同的设置会产生不同能量的 X 射线。

产生 X 射线最简单的方法是用加速后的电子撞击金属靶。撞击过程中，电子突然减速，其损失的动能会以光子形式放出，形成 X 射线谱的连续部分，称为轫致辐射。通过加大加速电压，电子携带的能量增大，则有可能将金属原子的内层电子撞出。于是内层形成空穴，外层电子跃迁回内层填补空穴，同时放出波长在 0.1 nm 左右的光子。由于外层电子跃迁放出的能量是量子化的，所以放出的光子的波长也集中在某些部分，形成了 X 射线谱中的特征线，称为特性辐射。

高速电子轰击阳极时，上述两种辐射电子动能转变为 X 射线的能量不到 1%，而 99%以上都转变为热能，从而使阳极温度升高。因此，阳极上直接受到电子轰击的区域，应该选用熔点高的物质。研究表明，在同样速度和数目的电子轰击下，原子序数 Z 不同的各种物质做成的靶，所辐射 X 射线的光子总数或光子总能量是不同的，光子的总能量近乎与 Z 的三次方成正比。所以，Z 愈大则产生 X 射线的效率愈高。因此，在兼顾熔点高、原子序数大和其他些技术要求时，钨($Z=74$)和它的合金是最适当的材料。如果需要波长较长的 X 射线，则采用较低的管电压，这时将钼($Z=42$)作为靶则更好一些。由于靶的发热量很大，所以阳极整体用导热系数较大的铜做成，受电子轰击的钨或钼，则镶嵌在阳极上，以便更好地导出和散发热量(图 5-1)。

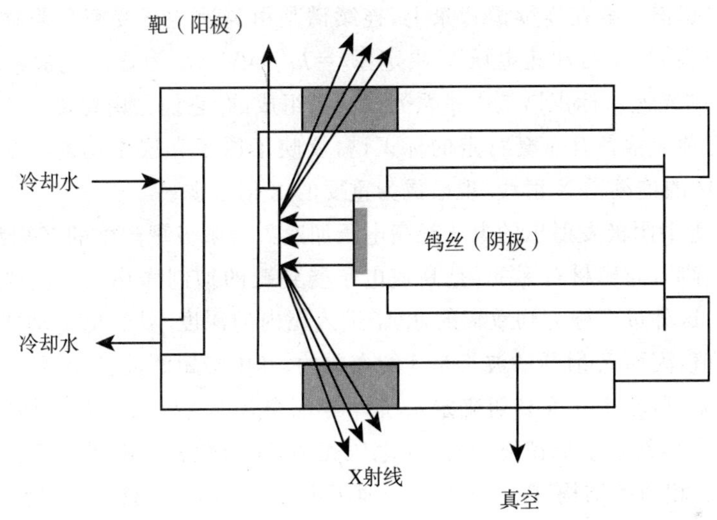

图 5-1　X 射线的产生过程

在土木工程中，X 射线主要用于无损检测和材料研究，研究土木工程材料的晶体结构、化学成分、物理性质等信息，可为材料的设计、制备和应用提供指导。X 射线通常由以下两种方式产生。

1.电子轰击法

电子轰击法是通过将高能电子束轰击金属靶材，使靶材原子的内层电子被激发或电离，从而产生 X 射线。这种方法需要使用高能电子加速器等设备，成本较高，但可以产生高强度、高纯度的 X 射线。

2.同步辐射法

同步辐射法是利用同步辐射光源产生 X 射线。同步辐射是一种由高能带电粒子在磁场中运动时产生的辐射，其辐射强度和波长可以通过调节磁场来控制。这种方法不需要使用高能电子加速器等设备，成本较低，但产生的 X 射线强度较低，需要使用较大的设备。

5.3 X 射线谱、连续谱、特征谱

5.3.1 X 射线谱

X 射线谱是指波长介于 700～0.1 Å 范围内的电磁辐射，X 射线谱由连续谱和标识谱两部分组成，标识谱重叠在连续谱背景上，连续谱是由高速电子受靶极阻挡而产生的韧致辐射，其短波极限 λ_0 由加速电压 V 决定：$\lambda_0 = hc/(eV)$，h 为普朗克常数，e 为电子电量，c 为真空中的光速。标识谱是由一系列线状谱组成的，它们是由靶元素内层电子的跃迁而产生的，每种元素各有一套特定的标识谱，反映了原子壳层结构的特征。同步辐射源可产生高强度的连续谱 X 射线，现已成为重要的 X 射线源。

在 X 射线管中阴极发射出的电子经高电压加速轰击阳极靶产生的 X 射线谱有两种。

一种是连续谱，与靶材料无关，是高速电子受到靶的抑制作用，速度骤减，电子动能转化为辐射能，这种过程称为韧致辐射，电子进入靶内的深度不同，电子动能转化为辐射能有各种可能值，因而 X 射线的波长是连续变化的，其中最短的波长满足 $hc/\lambda_0 = eV$，测定了最短波长 λ_0 和加速电压 V 可确定 h，是早年测定普朗克常量 h 的一种方法。

另一种是 X 射线线状标识谱，与加速电压无关，而与靶材料有关。不同靶元素的 X 射线标识谱具有相似的结构，随着靶原子的原子序数 Z 的增加，只是单调变化，而不是周期性变化。标识谱的这一特征表明它是由原子内层电子跃迁所产生的。当高速电子轰击靶原子时，将原子内层电子电离，内层产生一个电子的空位，外层电子跃迁到内层空位所发出的电磁辐射谱线就是标识谱。通常用 K、L、M、N …表示主量数（在化学中也就是电子层数）。$n=1,2,3,4\cdots$ 表示壳层的能级，当 $n=2$ 的电子跃迁到 $n=1$ 壳层空位的辐射称为 K_α 系，$n=3$ 的电子跃迁到 $n=1$ 壳层空位称为 K_β 系，$n=3$ 跃迁到 $n=2$ 称为 L_α 系，$n=4$ 跃迁到 $n=2$ 称为 L_β 系，等等。对 X 射线标识谱结构的研究除确定原子序数外还可确定原子内层电子的能级结构。

X 射线谱可分为发射区射线谱和吸收区射线谱。发射区射线谱有两组：连续谱和叠加其中的标识（特征）谱。连续 X 射线谱高速带电质点（如电子、质子、介子等）与物质相碰，受物质原子核库仑场的作用而速度骤减，质点的动能转化为光辐射能的形式放出。带电质点的速度从 v_1 降到 v_2，相应地产生波长为 0 的辐射，因此连续谱存在一短波限，其最短波长 λ_0 相应于 $v_2=0$ 时的波长。连续 X 射线谱中某一波长的强度与管电压存在着严格的线性关系，根据这一关系可得相应于该波长的管电压，利用这个方法可求得相当精确的两个基本物理常数 h 和 e 的比值。

标识(特征)X 射线谱图如图 5-2 所示,当冲击物质的带电质点或光子的能量足够大时,物质原子内层的某些电子被击出,或跃迁到外部壳层,或使该原子电离,而在内层留下空位。然后,处在较外层的电子便跃入内层以填补这个空位。这种跃迁主要是电偶极跃迁,跃迁中发射出具有确定波长的线状标识 X 射线谱。

X 射线通过试样时,其强度随线吸收系数 μ 和试样厚度 t 按指数衰减 $I-I0e-\mu t$。质量吸收系数 $\mu_m=\mu/\rho=\sigma_m+\tau_m$ 这里 ρ 为试样的密度;σ_m 是散射吸收系数,是表示相干散射和非相干散射过程的结果;τ_m 为光电吸收系数,它是由于内光电效应的结果。在 0.5～500 Å 波长范围,τ_m 起主要作用,σ_m 实际上完全由相干散射所决定,其数值约为0.2 cm^2/g。

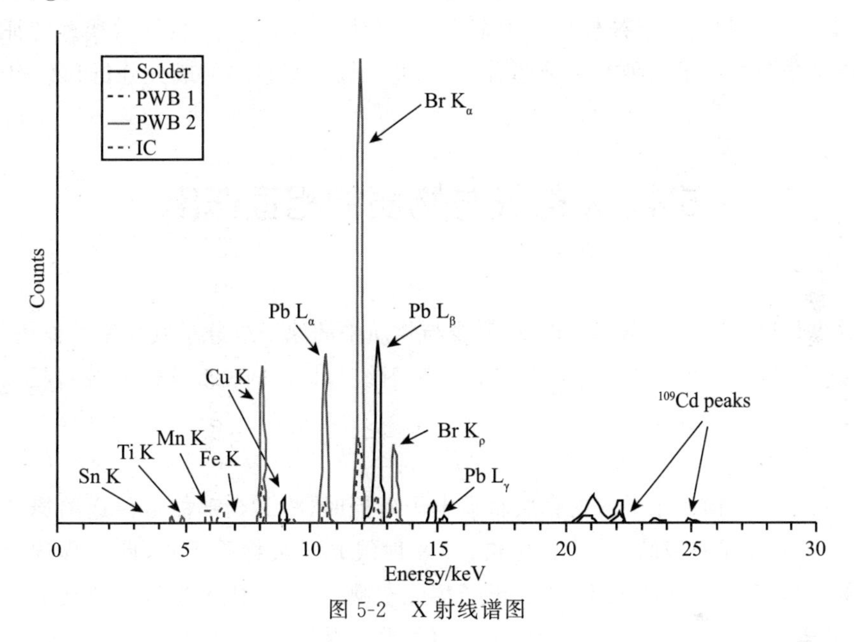

图 5-2　X 射线谱图

对于每一种元素,在某一严格确定的波长,μ_m 发生突变。这种 μ_m 的跳跃变化,是由于辐射光子的能量增加到一定程度,能够激励正常态的内层电子而产生的。如果被激励的是 K 层电子,得到 K 系吸收限 λ_K;如果被激励的是 L 层电子得到 L 系吸收限 λ_L。在吸收限之上,随着入射光子能量的增加,吸收曲线上出现振荡起伏变化的小峰。当能量高于吸收限 1 keV 时,吸收系数单调下降。能量高于吸收限 5～30 eV,称为近吸收限区,这一区域与原子能级和四周原子有关。能量高于吸收限 30～1 000 eV 为扩展吸收精细结构区。这一区域反映着周围原子的影响。

X 射线谱是指 X 射线的能量分布或波长分布。根据产生机制的不同,X 射线谱可以分为连续谱和特征谱。

5.3.2　连续谱

连续谱是指 X 射线的能量或波长在一定范围内连续分布的谱线。连续谱的产生是由于高速电子撞击靶材时，与靶材原子的电子发生非弹性碰撞，将靶材原子的内层电子激发到高能级，这些被激发的电子在跃迁回低能级时释放出的能量以 X 射线的形式表现出来。由于电子的能量是连续分布的，因此产生的 X 射线能量也是连续分布的，形成了连续谱。

5.3.3 特征谱

特征谱是指 X 射线的能量或波长只出现在特定值处的谱线。特征谱的产生是由于高速电子撞击靶材时，与靶材原子的内层电子发生弹性碰撞，将靶材原子的内层电子电离，形成空位。这些空位会被外层电子填充，并释放出能量，形成特征谱线。特征谱线的波长和能量与靶材原子的种类和结构有关，因此可以用于材料的成分分析和结构分析。

5.4 X 射线与物质的相互作用

X 射线与物质的相互作用是指 X 射线与物质中的原子或分子发生相互作用，从而改变 X 射线的能量、波长和传播方向等特性。X 射线与物质的相互作用主要包括以下几种形式。

(1)光电效应

X 射线光子与构成原子的内壳层轨道电子碰撞时，将其全部能量传递给原子的壳层电子，电子摆脱原子核束缚，称为自由电子，X 射线光子被物质吸收，此过程称为光电效应。原子变为离子，处于激发态，外层电子填充空缺，产生特征 X 射线。特征 X 射线离开原子前，又击出外层电子，使之成为俄歇电子，此过程为俄歇效应。产物为光电子、正离子、标识辐射、俄歇电子。入射光子的能量与轨道电子的结合能必须接近相等(稍大于)才容易产生光电效应。光电发生概率大约和光子能量的三次方成反比，与原子序数的四次方成正比。不同密度的物质能产生明显的对比影像，密度的变化可影响摄影条件，要根据不同密度物质选择适当的射线能量。

(2)康普顿效应

当一个光子击脱原子外层轨道上的电子或者自由电子时，入射光子损失部分能量，并改变原来的传播方向，变成散射光子，电子从光子处获得部分能量脱离原子核束缚，按一定方向射出，成为反冲电子，此过程称为康普顿效应。光子入射和散射方向的夹角称为散射角，即偏转角度，反冲电子的运动方向和入射光子的传播方向的夹角称为反冲角，如图 5-3 所示。入射光子偏转角度越大，能量损失越多，光子波长越长。散射线几乎全部来自康普顿效应。发生概率与物质的原子序数成正比，与入射光子的能量成反比(光子能量比电子结合能大很多)，即与入射光子的波长成正比。到达前方的散射线增加胶片灰雾度，影响图像质量，到达侧面的散射线给防护带来困难。

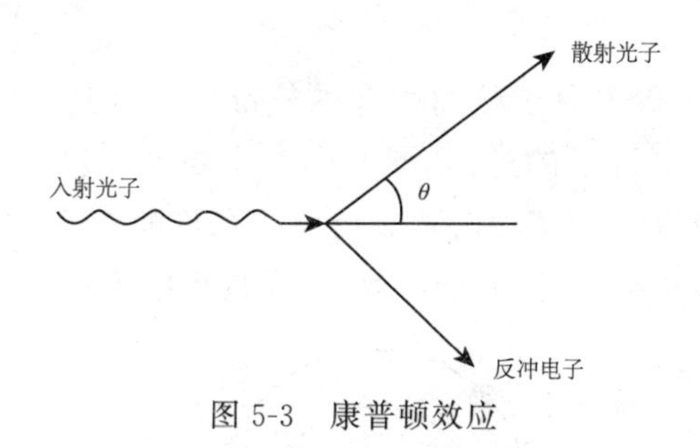

图 5-3　康普顿效应

(3)电子对效应

一个具有足够能量的光子,在与靶原子核相互作用时,光子突然消失,同时转化为一对正负电子,此过程称为电子对反应,如图 5-4 所示。发生概率与物质的原子序数的平方成正比,与单位体积内的原子个数成正比,也与光子能量的对数近似成正比。

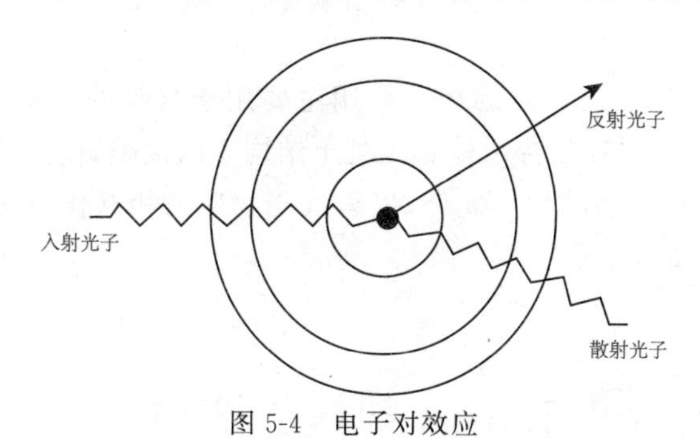

图 5-4　电子对效应

(4)相干散射

射线与物质相互作用而发生干涉的散射过程称为相干散射,如图 5-5 所示。相干散射包括瑞利散射、核的弹性散射等,以第一种为主。相干散射是光子与物质相互作用中唯一不产生电离的过程。瑞利散射是入射光子被原子内壳层电子吸收并激发到外层高能级上,随即又跃迁回原能级,同时放出一个与入射光子相同,传播方向发生改变的散射光子。

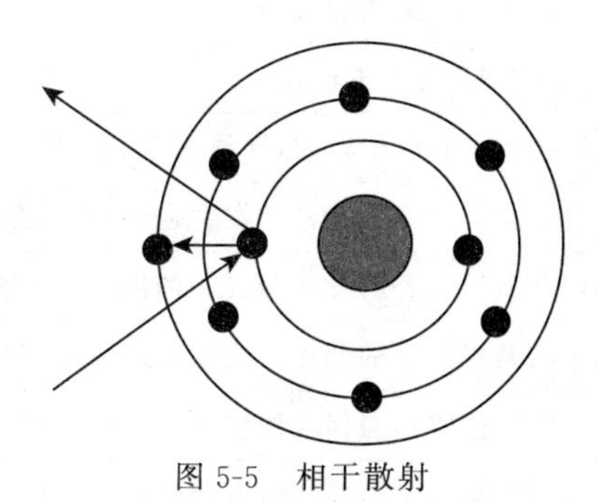
图 5-5　相干散射

(5)光核反应

光核反应是指用光子轰击原子核而引起的核反应。这是一个光子从原子核内击出数量不等的中子、质子和Y光子的过程(图5-6)。主要过程包括光电效应、康普顿效应、电子对效应。次要效应包括相干散射、光核反应。在诊断X射线能量范围内,只能发生光电效应、康普顿效应和相干散射,电子对效应、光核反应不可能发生。

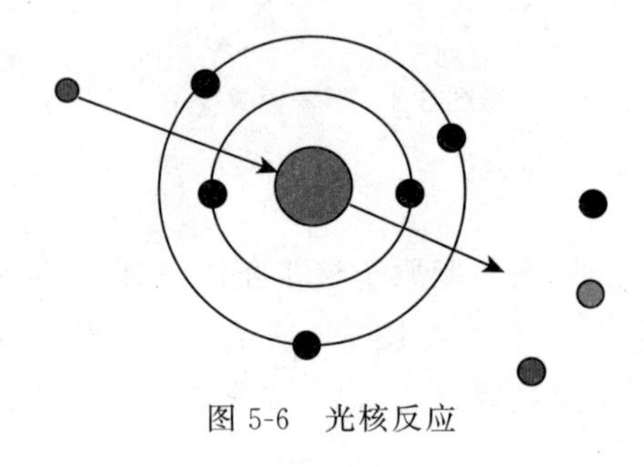

图5-6 光核反应

在土木工程中,X射线与物质的相互作用主要用于材料的无损检测和研究。例如,可以使用X射线的散射和吸收特性检测混凝土结构中的缺陷,使用荧光和俄歇电子特性分析土木工程材料的成分和结构。此外,X射线与物质的相互作用还可以用于材料的力学性能测试和断裂分析等方面。

5.5 X射线的散射

X射线的散射是指X射线在物质中与原子或分子相互作用后改变方向的现象。散射过程中,X射线可以以不同的方式与物质相互作用,见表5-1。

表5-1 X射线的散射类型

类型	特点
弹性散射	X射线保持能量不变,并改变方向
非弹性散射	X射线改变方向,并丢失能量
康普顿散射	X射线与物质中的电子碰撞,导致X射线的能量减少
瑞利散射	X射线与物质中的原子或分子发生碰撞,改变方向但保持能量不变
斯托克斯散射	光子能量和激发状态的变化与光子的能量改变相关
反斯托克斯散射	光子能量和激发状态的变化与光子的能量改变相关
增强散射	X射线与物质整体结构相互作用,保持与入射X射线相似的能量和频率
散射衍射	X射线通过结晶体时形成特定方向的衍射图样
扩散散射	X射线与液体或非晶体物质相互作用,散射光没有明确的衍射图样

X 射线与物质相互作用时，除了可能被物质吸收外，还可能被物质散射。X 射线的散射是指 X 射线与物质中的原子或分子发生相互作用，导致 X 射线的传播方向发生改变的现象。在散射现象中，当散射线波长与入射线相同时，相位滞后恒定，散射线之间能互相干涉，称为相干散射；相干散射波之间产生相互干涉，就可获得衍射，相干散射是 X 射线衍射技术的基础。当入射 X 射线光子与原子中束缚较弱的电子（如外层电子）发生非弹性碰撞时，光子消耗一部分能量作为电子的动能，于是电子被撞出原子之外，同时发出波长变长、能量降低的非相干散射或康普顿散射。因其分布在各个方向上，波长变长，相位与入射线之间也没有固定的关系，不产生相互干涉，也就不能产生衍射，只会成为衍射谱的背底，给衍射分析工作带来干扰和不利影响。

在土木工程中，X 射线的散射可以用于材料的无损检测和成像，以及结构分析等方面。当 X 射线穿过物质时，会与物质中的原子或分子发生相互作用，导致 X 射线的传播方向发生改变，这种现象就是 X 射线的散射。散射的强度与物质的密度、原子序数等因素有关。因此，通过测量散射的强度和方向，可以获得物质的密度、成分、结构等信息。

在土木工程中，X 射线的散射可以用于混凝土、钢材等材料的无损检测和成像。例如，可以使用 X 射线的散射成像技术检测混凝土结构中的裂缝、空洞等缺陷，以及检测钢材中的缺陷和夹杂物等。此外，X 射线的散射还可以用于研究材料的力学性能和断裂行为等方面。需要注意的是，X 射线的散射也可能会对人体造成危害。因此，在进行 X 射线检测时，需要采取必要的防护措施，避免人体受到辐射伤害。

5.6　X 射线的吸收

X 射线的吸收是指 X 射线穿过物质时，由于与物质中的原子或分子发生相互作用，导致 X 射线的能量被吸收的现象。在土木工程中，X 射线的吸收可以用于材料的无损检测和成像，以及结构分析等方面。当 X 射线穿过物质时，会与物质中的原子或分子发生相互作用，导致 X 射线的能量被吸收，这种现象称为 X 射线的吸收。吸收的程度与物质的密度、原子序数等因素有关。因此，通过测量吸收的程度和吸收曲线，可以获得物质的密度、成分、结构等信息。

X 射线经过物体后减弱是由两种过程产生的，一种是射线被物体吸收，另一种是射线物体被散射。把衰减系数、吸收系数和散射系数分别除以单位厚度和单位截面中的原子数，就分别得到原子衰减系数、原子吸收系数和原子散射系数。吸收系数随 X 射线光子能量增加而下降，这是由于 X 射线光子能量越高，其穿透性越强。

X 射线的吸收与土木工程有着密切的联系，主要体现在以下几个方面。

(1)X 射线探伤

X 射线因可以穿透物质并被不同材料吸收的能力而使其成为一种常用的探伤方法。在土木工程中，X 射线探伤可以用于检测钢筋、混凝土和其他建筑材料中的缺陷、裂缝或隐藏的结构问题,以评估构件的质量和安全性。通过对X射线的吸收情况进行分析,可以发现潜在的结构问题,并采取适当的修复措施。

(2)X射线衍射与晶体结构分析

X射线衍射是通过X射线在晶体结构中的散射过程来确定晶体的结构和晶胞参数的一种技术。在土木工程中,研究建筑材料的晶体结构对于了解它们的力学性能、稳定性和延展性非常重要。通过X射线衍射技术,可以确定材料中晶体的排列方式和结晶品质,从而有助于优化建筑材料的设计和使用。

(3)X射线光谱与元素分析

X射线光谱是一种用于分析物质中元素组成的方法。在土木工程中,通过对建筑材料中元素的分析,可以评估材料的成分、含量和质量。这对于工程项目的材料选择、质量控制以及环境保护等都具有重要意义。X射线光谱技术可以帮助工程师和科学家了解材料的成分,并确保建筑材料符合相关标准和要求。

(4)X射线断层成像(CT扫描)

X射线断层成像是一种非侵入性的成像技术,广泛应用于土木工程中的结构评估和诊断。通过使用X射线,可以在三维空间内获取物体的断层图像。在土木工程中,X射线断层成像可以用于检测混凝土结构中的内部缺陷、裂纹和空洞,评估构件的强度和耐久性,以及分析土壤的密实度和含水量。

(5)X射线衍射应力测量

X射线衍射应力测量是一种用于测量材料内部应力的非破坏性方法。通过分析入射X射线在晶体结构中的散射模式,可以推断材料内部应力的大小和分布情况。在土木工程中,X射线衍射应力测量可用于评估结构材料的受力状态,检测构件中的应力集中区域,以及研究材料的变形和疲劳行为。

(6)放射性同位素技术

放射性同位素技术是利用放射性同位素进行标记和追踪的一种方法。在土木工程中,放射性同位素技术可用于水资源管理、土壤侵蚀研究、地下水流动分析和建筑材料的标记等方面。通过标记和追踪放射性同位素,可以研究水流和物质传输的行为,评估土壤和水体的污染程度,以及监测结构材料的性能和老化情况。

(7)岩石和土壤分析

X射线技术可用于岩石和土壤的成分分析和性质评估。通过对岩石和土壤样品进行X射线衍射、荧光光谱等分析,可以获得有关其矿物组成、颗粒大小分布、密度、孔隙率等信息。这为土木工程师提供了有关地质环境和土壤稳定性的重要数据,可用于地基设计、挡土墙建设和土壤改良等方面。

(8)结构材料强度评估

X射线技术可被用于评估结构材料(如钢筋、混凝土等)的强度、疲劳性能和异常情况。通过在结构材料上进行X射线衍射或吸收实验,可以检测并定量材料中的应力分布和缺陷情况。这对于评估结构材料的结构完整性、耐久性和安全性至关重要。

(9)砖、瓦等建筑材料质量检测

X射线技术可用于砖、瓦等建筑材料的质量检测。通过对这些材料进行X射线成像或吸收实验,可以检测并识别其中的缺陷、裂纹、空洞以及不均匀性等问题。这有助于保证建筑材料的质量和安全性,并提前发现潜在的结构问题。

(10)土体稳定性分析

X射线技术可用于分析土体在各种受力情况下的稳定性。通过对土体进行X射线扫描或散射分析,可以获取土体内部的密实度、密度和颗粒排列情况等信息。这对于评估土体的承载能力、变形特性和抗滑性等方面具有重要意义,为土木工程项目的地基设计和土体工程提供参考数据。

X射线在土木工程中的应用主要包括岩石土壤分析、结构材料评估、建筑材料质量检测和土体稳定性分析等方面。这些应用为土木工程师提供了强大的技术支持,用于优化结构设计、确保工程质量和保障工程安全性。X射线在土木工程中的应用涵盖了材料评估、结构诊断、应力测量和资源管理等方面。这些技术和方法为土木工程师提供了非常重要的工具,帮助他们评估和改进建筑材料的性能、设计和维护结构的安全性,以及优化土壤和水资源管理。

5.7　X射线的衰减

X射线的衰减是指X射线在穿过物质时,由于与物质的相互作用,能量逐渐减少的现象,也称为X射线的吸收。在土木工程中,X射线的衰减可以用于无损检测、结构分析和材料科学研究等方面。

X射线的衰减主要是由于物质对X射线的吸收和散射造成的。当X射线穿过物质时,一部分X射线会被物质的原子或分子吸收,转化为其他形式的能量,例如热能或荧光等。同时,X射线还会与物质中的电子发生相互作用,产生散射现象,使得一部分X射线的方向发生改变。这两种现象都会导致X射线的能量逐渐减少,也就是X射线的衰减。X射线的衰减与土木工程有以下联系。

(1)建筑材料的X射线吸收特性

不同种类的建筑材料对X射线具有不同的吸收特性。一般而言,高密度材料(如钢筋、混凝土等)对X射线有更强的吸收能力,而低密度材料(如木材、塑料等)对X射线的吸收能力较弱。土木工程中常用的建筑材料如混凝土、砖石、岩石等在X射线的应用中具有较强的吸收能力,这意味着X射线透过这些材料时会被吸收或衰减,从而限制了其透射深度和穿透能力。

(2)土木工程中的X射线探伤

在土木工程中,X射线探伤常用于检测构件中的缺陷、裂纹或其他结构问题。X射线透过材料时,会由于它们的吸收特性而在材料中发生衰减。通过分析X射线的衰减情况，可以确定缺陷的位置、尺寸和形态，评估构件的质量和安全性。这对于土木工程中的结构检验和质量控制至关重要。

(3)辐射防护问题

在土木工程中，需要考虑辐射防护的问题，特别是在与放射性物质相关的工作或项目中。X射线属于电离辐射，对人体和环境具有潜在的有害影响。土木工程师需要确保工作人员和公众的安全，采取适当的辐射防护措施。了解X射线的衰减规律和吸收特性，有助于评估工作场所的辐射水平，并采取必要的保护措施，以减少辐射对人体健康和环境的影响。

(4)密度测量

X射线的衰减与物质的密度有关，密度较大的物质对X射线的吸收量较高，而密度较小的物质对X射线的吸收量较低。在土木工程中，可以利用这个原理使用X射线测量建筑材料的密度。通过分析X射线透过材料时的衰减情况，可以推断材料的密度，并评估材料的质量和结构性能。

(5)混凝土质量评估

混凝土是土木工程中常用的建筑材料之一。通过使用X射线技术，工作人员可以对混凝土中的结构和成分进行非破坏性的评估。通过分析X射线在混凝土中的衰减情况，可以检测混凝土中的空洞、裂缝、缺陷以及铁筋的位置和状态。这有助于评估混凝土的质量、强度和耐久性，并指导修复和维护工作。

(6)地下管线探测

土木工程中常涉及地下管线的布设和维护。X射线技术可以应用于地下管线的探测和定位。通过在地面上发射X射线，观察和分析X射线在地下管线上的衰减情况，可以确定管线的位置、深度和形状。这有助于避免对地下管线的损坏，并确保施工和维护工作的安全进行。

总的来说，X射线的衰减特性对于土木工程中的建筑材料分析、结构评估、辐射防护等方面具有重要意义。理解X射线在不同材料中的衰减规律，有助于优化X射线探伤、辐射防护和工程质量控制等方面的工作。

5.8 X射线在土木工程中的应用

X射线在土木工程中广泛应用于结构检测和材料分析。它具有穿透力强、便于观察和非破坏性等特点，可用于评估结构的完整性、检测隐藏缺陷、分析材料组成及质量等。表5-2为X射线在土木工程中的应用。

表 5-2　X 射线在土木工程中的应用

应用领域	案例
结构检测	桥梁裂缝评估:使用 X 射线扫描桥梁结构,分析裂缝类型、长度和深度
隐蔽缺陷检测	焊接质量检测:利用 X 射线技术检测焊缝质量和隐藏的焊接缺陷
重要构件检测	钢结构腐蚀评估:使用 X 射线检测钢结构中的腐蚀程度和残余寿命
材料分析	混凝土成分分析:使用 X 射线衍射确定混凝土中不同晶相的含量和分布
基础地质勘察	地下岩石结构分析:利用 X 射线扫描地下岩石和土壤,观察地质结构和可能的障碍物
桥梁维护与修复	裂缝修复方案确定:通过 X 射线照射裂缝,定位位置、研究扩展情况,确定修复方案
地下管道检测	地下管道定位:使用 X 射线定位地下管道及识别连接状态和损伤情况
历史建筑保护	文物保护研究:通过 X 射线扫描古代建筑和艺术品,分析内部结构和损伤情况
非破坏性测试	混凝土质量检测:利用 X 射线透射法检测混凝土内部的空洞、裂缝和异物
断层探测	地下断层分析:利用 X 射线成像技术观察地下构造和断层的分布和性质

以下是 X 射线在土木工程中的应用案例及详细分析。

某城市的一座重要桥梁出现了裂缝,为了评估桥梁的安全性和结构完整性,采用了 X 射线无损检测技术进行评估。以下为应用过程。

(1)数据采集和准备

收集桥梁的施工图纸、设计参数以及历史运行和维护记录等数据,为后续的 X 射线检测提供依据。

(2)X 射线成像

使用便携式 X 射线设备,对桥梁不同部位进行扫描,获取 X 射线影像。通过不同角度和方向的扫描,获得了全面的结构信息。

(3)缺陷识别与评估

对 X 射线影像进行分析和处理,识别出裂缝、空洞等结构缺陷,并评估其缺陷程度和对结构安全的影响。

(4)损伤扩展分析

通过对同一位置进行多次扫描,比较不同时期的 X 射线影像,观察裂缝的扩展情况,评估损伤的进展速度和趋势。

该应用案例中 X 射线应用的技术优势如下。

①无破坏性。X 射线无损检测技术避免了传统拆解和破坏性测试的缺点,可以在不破坏桥梁结构的情况下获取关键信息。

②高灵敏度。X 射线能够透过混凝土、钢材等多种材料,清晰显示结构的内部缺陷、

裂纹等细微损伤。

③定量分析。通过对 X 射线影像进行数字化处理和图像对比,可以实现对结构缺陷和损伤的定量化分析,提供数据支持。

④快速和准确。X 射线无损检测技术具有快速、准确的特点,能够为桥梁安全评估提供及时可靠的结果。

X 射线作为一种非侵入性的技术手段,在土木工程中的应用中具有重要的意义。通过无损检测,工作人员可以准确评估桥梁结构的安全性和结构完整性,帮助规划维护方案和决策修复措施。随着 X 射线技术的不断进步和应用经验的积累,相信其在土木工程中的应用将更加广泛。未来的发展方向包括提高分辨率和灵敏度、改进辐射安全措施,并结合其他非破坏性检测技术,形成更全面、高效的土木工程结构评估体系。

以上案例详细分析了 X 射线在土木工程中的应用过程、技术优势等。X 射线无损检测为桥梁结构的安全评估提供了重要的支持,为工程决策和维护提供了依据,也为土木工程领域的发展和进步做出了贡献。

综上所述,X 射线在土木工程中有着诸多应用,包括非破坏性测试、寻找隐藏的结构问题、质量控制和断层探测等。利用 X 射线技术,工程师可以获得结构材料的内部信息,检测隐藏的缺陷,评估结构的完整性和性能,以及提高工程的质量和可靠性。这些应用不仅提高了土木工程的安全性和可持续性,也为工程的设计、施工和维护提供了重要的参考依据。

第六章　扫描电子显微镜物理基础

6.1　电子束与固体样品作用时产生的信号

如图 6-1 所示，在真空环境中，高能电子束轰击固体试样表面时，会激发出包括俄歇电子、二次电子、背散射电子、X 射线等多种信号。这些信号产生于样品表面不同深度，探测器将收集到的各种信号经放大后采集，进而可以用来做样品的表层分析。在扫描电子显微镜中主要分析二次电子、背散射电子和特征 X 射线三种信号，用来做形貌和成分分析。下面详细介绍电子束与固体表面作用的信号。

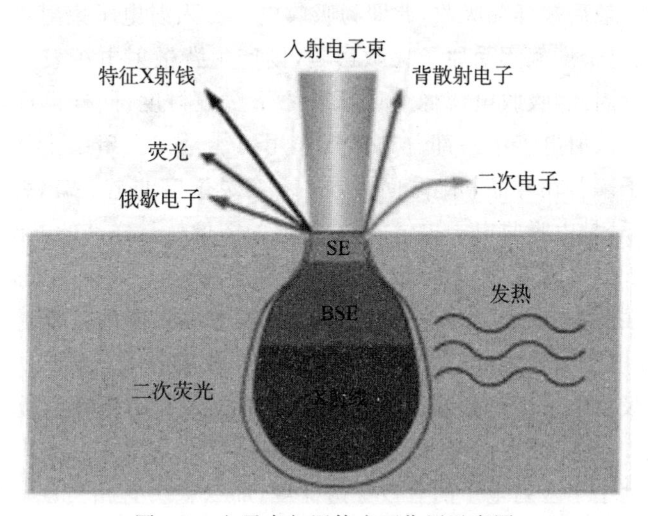

图 6-1　电子束与固体表面作用示意图

(1)背散射电子

背散射电子是指被固体样品中的原子核反弹回来的一部分入射电子，其中包括弹性背散射电子和非弹性背散射电子。弹性背散射电子是指被样品中原子核反弹回来的散射角大于 90°的那些入射电子，其能量基本上没有变化。非弹性背散射电子是入射电子和核外电子撞击后产生非弹性散射而造成的，不仅能量变化，方向也发生变化。

背散射电子的产生范围在100 nm到1 μm深，由于背散射电子的产额随原子序数的增加而增加，所以，利用背散射电子作为成像信号不仅能分析形貌特征，也可用来显示原子序数衬度，定性地进行成分分析。背散射电子是入射电子在试样中受原子核卢瑟福散射而形成的大角度散射电子。其能量损失很小，能量值接近入射电子能量。背散射电子来自样品表层几百纳米的深度范围，由于入射电子进入试样较深，入射电子束已被散射开，因此电子束斑直径比二次电子的束斑直径要大，故背散射电子成像分辨率较低，一般在50～200 nm。背散射电子的强度与试样的原子序数有密切关系。背散射电子的成像衬度主要与试样的原子序数有关，与表面形貌也有一定的关系。因此，背散射电子既可用作形貌分析，也可用来显示原子序数衬度，定性地用于成分分析。

(2)二次电子

二次电子是指被入射电子轰击出来的核外电子。二次电子来自表面5～10 nm的区域，能量为0～50 eV。它对试样表面状态非常敏感，能有效地显示试样表面的微观形貌。由于它发自试样表面层，入射电子还没有较多次散射，因此产生二次电子的面积与入射电子的照射面积没多大区别。二次电子的分辨率较高，一般为5～10 nm。扫描电子显微镜的分辨率通常就是二次电子分辨率。二次电子产额随原子序数的变化不明显，它主要取决于表面形貌。

(3)吸收电子

入射电子进入样品后，经多次非弹性散射，能量损失殆尽(假定样品有足够厚度，没有透射电子产生)，最后被样品吸收，此即为吸收电子。入射电子束射入一含有多元素的样品时，由于二次电子产额不受原子序数影响，则产生背散射电子较多的部位其吸收电子的数量就较少。因此，吸收电流像可以反映原子序数衬度，同样也可以用来进行定性的微区成分分析。入射电子中一部分与试样作用后能量损失殆尽，不能再逸出表面，这部分就是吸收电子。若在样品和地之间接入一个高灵敏度的电流表，就可以测得样品对地的信号，这个信号是由吸收电子提供的，它所成的图像就是样品的电流像。

假定入射电子电流强度为i_0，背散射电子流强度为i_b，二次电子流强度为i_s，则吸收电子产生的电流强度为$i_a=i_0-(i_b+i_s)$。可见，若逸出表面的背散射电子和二次电子数量越少，则吸收电子信号强度越大。其衬度恰好和背散射电子或二次电子信号调制的图像衬度相反。吸收电子能产生原子序数衬度，可以用来进行定性的微区成分分析。

(4)透射电子

如果样品厚度小于入射电子的有效穿透深度，那么就会有相当数量的入射电子能够穿过薄样品而成为透射电子。样品下方检测到的透射电子信号中，除了有能量与入射电子相当的弹性散射电子外，还有各种不同能量损失的非弹性散射电子。其中有些特征能量损失的非弹性散射电子和分析区域的成分有关，因此，可以用特征能量损失电子配合电子能量分析器来进行微区成分分析。这里所指的透射电子是采用扫描透射操作方式对薄样品成像和微区成分分析时形成的透射电子。这种透射电子是由直径很小(<10 nm)的高能电子束照射薄样品时产生的，因此，透射电子信号是由微区的厚度、成

分和晶体结构决定的。因此，可以用透射电子配合电子能量分析器可用于微区成分分析。

(5)特征 X 射线

特征 X 射线是原子的内层电子受到激发以后，在能级跃迁过程中直接释放的具有特征能量和波长的一种电磁波辐射，发射的 X 射线波长具有特征值，波长和原子序数之间服从莫塞莱定律。因此，原子序数和特征能量之间是有对应关系的，利用这一对应关系可以进行成分分析。如果用 X 射线探测器测到了样品微区中存在某一特征波长，就可以判定该微区中存在的相应元素。当样品原子的内层电子被入射电子激发或电离时，原子就会处于能量较高的激发状态，此时外层电子将向内层跃迁以填补内层电子空缺，从而使具有特征能量的 X 射线释放出来。

(6)俄歇电子

如果原子内层电子能级跃迁过程中释放出来的能量不以 X 射线的形式释放，而是用该能量将核外另一电子打出，脱离原子变为二次电子，这种二次电子叫作俄歇电子。因为每一种原子都有自己特定的壳层能量，所以它们的俄歇电子能量也各有特征值，一般在 50～1 500 eV 范围之内。俄歇电子是由试样表面极有限的几个原子层中发出的，这说明俄歇电子信号适用于表层化学成分分析。在入射电子激发样品的特征 X 射线过程中，如果释放出来的能量并不以 X 射线的形式发射出去，而是用这部分能量把空位层内的另一个电子发射出去，这个被电离出来的电子称为俄歇电子。俄歇电子的能量很低，一般为 50～1 500 eV。

只有在距离表层 1 nm 左右范围内(即几个原子层厚度)逸出的俄歇电子才具备特征能量，因此俄歇电子特别适用于做表层成分分析。

此外，样品中还会产生如阴极荧光、电子束感生效应等信号，经过调制也可用于专门的分析。高速运动的电子束轰击样品表面，电子与元素的原子核及外层电子发生单次或多次弹性与非弹性碰撞，有一些电子被反射出样品的表面，其余的渗入样品中，逐渐失去其动能，最后被阻止，并被样品吸收。

在此过程中有 99%以上的入射电子能量转变成热能，只有约 1%的入射电子能量从样品中激发出各种信号。

6.2　背散射电子

背散射电子是指被固体样品原子反射回来的一部分入射电子。背散射电子的产额随原子序数的增加而增加。因此，利用背散射电子作为成像信号不仅能够分析形貌特征，也可以用来显示原子序数衬度，并对成分进行定性分析。

扫描电子显微镜可直观反映样品表面的形貌，与光学显微镜相比，具有成像分辨率高、景深大和图像立体等特点。

与透射电子显微镜相比，扫描电子显微镜具有可不用制样、直接观察和立体感强等特点。当一束细聚焦的高能电子轰击待测样品表面时，入射电子和样品表面相互作用产生多种信号，包括二次电子、背散射电子、俄歇电子、特征X射线、阴极荧光和透射电子等。扫描电子显微镜主要利用其中的二次电子和背散射电子成像。二次电子是入射电子与样品相互作用，使样品表面受原子核束缚较弱的电子发射出来的电子，其特点是能量较低，逸出深度小，对样品表面的高低起伏状态较敏感，通常用于表征样品表面形貌。背散射电子是入射电子被样品散射重新逃逸出样品的高能电子，其特点是能量较高，逸出深度大，对样品表面原子序数的变化较敏感，其产额随样品原子序数的增大而增加，表现在图像上为原子序数高的区域亮度高，原子序数低的区域亮度低，形成成分衬度，因此被广泛应用于表征样品表面成分的分布。利用背散射电子图像结合二次电子图像可快速观察样品的微观形貌，同时区分以不同成分存在的相，再结合能谱分析，可快速全面了解样品。

背散射电子具有上述特点，因此扫描电镜背散射电子探测器通常用来表征样品的成分衬度，用于形貌表征时，通常成像分辨率不及扫描电镜的高分辨模式即高位电子探头成像。利用JSM-7900F型热场发射扫描电子显微镜的三种探头表征纳米级别尺寸的碳基铂金属颗粒，得到表征该纳米颗粒的最适合方法，即用背散射电子探头结合电子减速模式可得到高分辨率和高信噪比的扫描电镜图像，成像效果优于高分辨模式，进一步拓展了扫描电镜背散射电子在纳米材料高分辨成像中的应用。

当入射电子与样品中的原子相互作用改变方向而产生散射时，其中部分电子(总散射角大于90°时)可重新通过入射电子表面而被反射出来，这样的电子叫作背散射电子。背散射电子产率随原子序数的增加而增加。由于背散射产生的体积范围比二次电子大，故背散射电子像的空间分辨率比二次电子差，一般在50～100 nm。背散射电子像的衬度反差来源于样品的成分及凹凸状态，在入射电子束的方位装上一对背散射电子探测器。将A和B两个探测器各自得到的电信号，进行电路上的加、减处理，便可将成分及凹凸信息分开成像(图6-2)，这对更细致地了解样品表面状况非常有利。根据背散射电子探测器收集信号的不同处理方式，可得到以下三种背散射电子像。

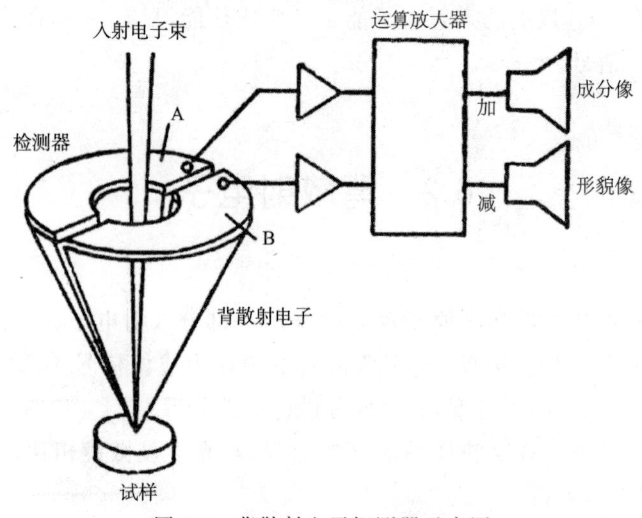

图6-2　背散射电子探测器示意图

①成分像由一对背散射电子探测器各自得到的电信号进行相加处理得到，图像主要反映成分衬度，或称原子序数衬度。样品表面平均原子序数 Z 较高的区域，产生的背散射电子数目较多，图像较亮；反之 Z 较小的区域，图像较暗。

②凹凸像由一对背散射电子探测器各自得到的电信号进行相减处理得到，主要反映样品形貌的凹凸信息。

③混合像将成分像与二次电子像进行叠加，使图像在成分衬度的基础上富有立体感，其中二次电子对提高图像分辨率也有贡献。

由于背散射电子是被样品原子反射回来的入射电子，其能量较高，离开样品表面后沿直线轨迹运动，因此信号探测器只能检测到直接射向探头的背散射电子，有效收集立体角小，信号强度较低，尤其是样品中低凹处和背向探测器的区域产生的背散射电子，因无法到达探测器而不被接收，易产生暗色区假象，从而影响背散射电子图像的效果。利用闪烁体计数器接收背散射电子信号，适合于表面较平整的样品，试验前样品表面需要抛光而不需要腐蚀。背散射电子是电子束轰击样品过程中被样品反射回来的部分电子，其中包括被原子核反射回来的弹性背散射电子，以及被原子核外电子反射回来的非弹性背散射电子。弹性背散射电子的散射角大于 90°，没有能量损失，因此弹性背散射电子的能量很高。非弹性背散射电子由于和核外电子碰撞，不仅方向改变，也会有不同程度的能量损失，因此非弹性背散射电子的能量分布范围较广。由于非弹性背散射电子需要经过多次散射才能逸出样品表面，因此，弹性背散射电子的数量是远高于非弹性背散射电子的，因此扫描电镜中所指的背散射电子多指弹性背散射电子。背散射电子产生于距离样品表面几百纳米的深度，因此背散射电子图像的分辨率低于二次电子图像分辨率。背散射电子的产量与样品原子序数有很大的关系，因此可以用来提供样品原子序数衬度信息。在背散射模式下，样品表面平均原子序数大的区域，背散射信号强，则电镜图中表现为亮度高；相反，原子序数小的区域比较暗。所以在扫描电子显微镜的分析中通常将背散射电子与特征 X 射线产生的能谱相结合来做成分分析。此外，由于背散射信号的强度与样品晶面与入射电子束的夹角有关，当入射电子束与晶面夹角越大，背散射信号越强，图像越亮；反之越暗。因此背散射电子可以用于晶体的取向分析。

背散射电子像的特征如下。

一是背散射电子像反映区域内原子序数的相对大小，图像相当于成分的反映，因此也叫成分像。

二是背散射电子对样品的表面形貌也有反映，但不能和二次电子像比拟。因此一般只用背散射电子像反映物质的成分信息。

三是样品的要求，一般样品要经过抛光打磨，使表面平整，这样反映的成分信息更充分。

四是背散射电子像一般与二次电子像以及 X 射线成分分析联合使用。

6.3 扫描电子显微镜的结构

扫描电子显微镜由电子光学系统、扫描系统信号收集系统、图像显示和记录系统、真空系统、电源系统组成,其中电子光学系统为核心部分,如图 6-3 所示。电子光学系统主要包括电子枪、电磁透镜、扫描线圈和样品室四部分。

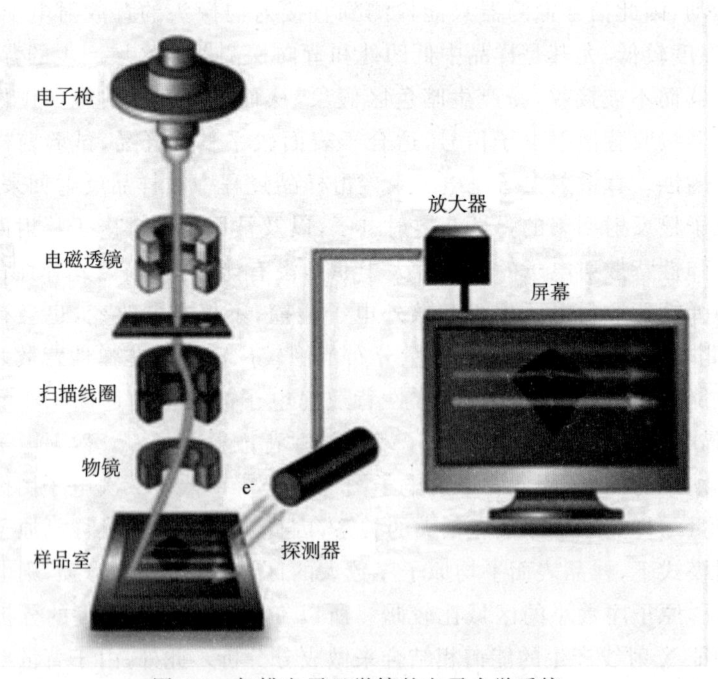

图 6-3 扫描电子显微镜的电子光学系统

图 6-4 为扫描电子显微镜结构图。扫描电子显微镜成像原理近似闭路电视系统,逐点逐行扫描成像,由三极电子枪发射出来的电子束,在加速电压作用下,经过电子透镜聚焦后,在样品表面按顺序逐行进行扫描,激发样品产生各种物理信号(图 6-4)。这些物理信号的强度随样品表面特征变化,并分别被相应的收集器接受,经放大器按顺序成比例放大后,送到显像管。与此同时,电子束偏向的扫描线圈的电源也是供给阴极射线显像管扫描线圈的电源,在发出锯齿波信号的同时控制两束电子束作同步扫描。因此,样品上电子束的位置与显像管荧光屏上电子束的位置是一一对应的。扫描电子显微镜最基本的成像功能是二次电子成像,它主要反映样品表面或断面的立体形貌。扫描电子显微镜图像具有立体感、清晰度高、层次分明和细节丰富等优点,已被广泛使用在教学和科研工作之中。要得到理想的扫描电镜图像,除了与样品本身的导电性有关,还需对影响其图像质量的相关因素加以控制。

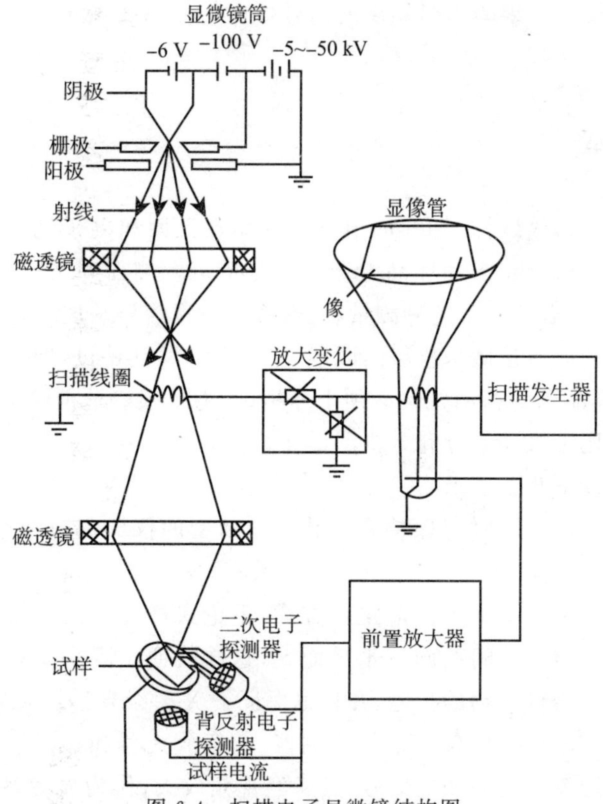

图 6-4　扫描电子显微镜结构图

6.3.1　电子枪

扫描电子显微镜中的电子枪与投射电子显微镜的电子枪相似，只是加速电压比投射电子显微镜低。透射电镜的分辨率与电子波长有关，波长越短，分辨率越高，所以透射镜的电压一般都使用 100～300 kV，甚至达到 1 000 kV，而扫描电子显微镜与电子波长关系不大，却与电子在式样上的最小扫描范围有关。电子束斑越小，分辨率就越高。

6.3.2　电磁透镜

扫描电子显微镜中的各种电磁透镜都不作为成像透镜用，而是作为会聚透镜用，它们的功能是把电子枪的束斑逐级聚焦缩小，使原来直径为 50 μm 的束斑缩小成一个只有几十纳米的细小斑点。缩小过程需要几个透镜来完成。

6.3.3　扫描线圈

扫描线圈的作用是使电子束偏转，并在样品表面做有规则的动，电子束在样品上的扫描动作和显像管上的扫描动作保持严格的同步，因为它们是由同一扫描发生器控制的。样品上的各点受电子束轰击时发出的信号可由信号探测器接收,并通过显示系统的显像管显示出来。

6.3.4 样品室

样品室就是用来盛放试样、标样的地方。样品室上面和电子光学系统连接,让电子光学系统形成的电子束能轰击到样品上选好的分析点。侧面和下面留有一些接口及加了真空密封盖的孔洞,以备安装各种测量装置,输出测量信号及加装附件之用。

由于探针分析的区域是微米量级的区域,样品台的移动精度和位置的再现性必须达到±0.1 μm,因此样品台的移动机构必须十分精确,为了很好地消除部件间的余隙,样品台在设计上广泛使用了机动设计和半机动设计。

样品室主要有以下几个要求。

①整个仪器在扫描样品时应保持真空状态。新型的仪器都有一个空气锁和预抽空装置与样品室相连。

②样品台的设计原则上采用顶面定位方式,不论式样原来的高矮,装好后它们要分析的金相磨面都必须落在空间的同一水平面上,这样既便于观察金相,又免除了移动时由于高低不平与物镜极靴等物的相碰,并且也保证了 X 射线光谱仪对试样位置的要求。

信号收集和显示系统包括各种信号检测器、前置放大器和显示装置,其作用是检测样品在入射电子作用下产生的物理信号,然后经视频放大,作为显像系统的调制信号,最后在荧光屏上得到反映样品表面特征的扫描图像。

检测二次电子、背散射电子和透射电子信号时可以用闪烁计数器来进行检测,由于检测信号不同,闪烁计数器的安装位置也不同。闪烁计数器由闪烁体、光导管和光电倍增器所组成。当信号电子进入闪烁体时,产生出光子,光子将沿着没有吸收的光导管传送到光电倍增器进行放大,又转化成电流信号输出,电流信号经视频放大器放大后就成为调制信号。

由于镜筒中的电子束和显像管中的电子束是同步扫描的,荧光屏上的亮度是根据样品上被激发出来的信号强度来调制的,而由检测器接收的信号强度随样品表面状态不同而变化,由信号检测系统输出的反映样品表面状态特征的调制信号在图像显示和记录系统中就转换成一幅与样品表面特征一致的放大的扫描像。

真空系统的作用是为保证电子光学系统正常工作,防止样品污染提供高的真空度。

电源系统由稳压、稳流及相应的安全保护电路组成,其作用是提供扫描电子显微镜各部分所需要的电源。

6.4 扫描电子显微镜的工作原理

扫描电子显微镜的工作原理可以简单地归纳为"光栅扫描,逐点成像"。由电子枪发射能量为 5～35 keV 的电子作为入射源,经过 2～3 个电子透镜聚焦后,在样品表面按照顺序做栅网式扫描，激发二次电子、背散射电子、吸收电子和X射线等物理信号(图6-5)。这些物理信号随样品表面特征的变化而变化。这些物理信号被相应的接收器收集，经放大器成比例放大后，输入显像管栅极，同步调制显像管的电子束强度，即得到荧光屏上的亮度。电子束的位置和显像管荧光屏上电子束的位置一一对应，因此可以得到反映样品表面形貌、成分特征的信息。

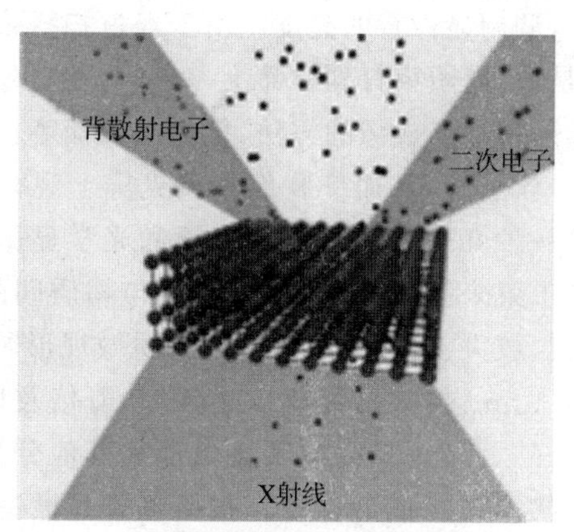

图6-5　电子与材料试样作用所产生的信号

具有高能量的入射电子束与固体样品的原子核及核外电子发生作用后，可产生多种物理信号，如图6-6所示。二次电子是指被入射电子轰击出来的核外电子，其产额随原子序数的变化不大，主要取决于表面形貌。假设 α 为入射电子束与样品表面法线之间的夹角[图6-6(a)]。试验证明，当对光滑样品表面入射稳定能量大于1 kV的电子束时，二次电子产额 δ 与入射角 α 的关系为 $\delta \propto 1/\cos\alpha$。如图6-6(a)所示，当 $\alpha_1 < \alpha_2 < \alpha_3$ 时，二次电子产额 $\delta_1 > \delta_2 > \delta_3$，即入射角越小，二次电子产额越高，反映到显像管荧光屏上就越亮。可判断样品不同区域衬度的差别。由于作用体积的存在，因此在端口峰和台阶突出的第二相粒子处图像较亮。

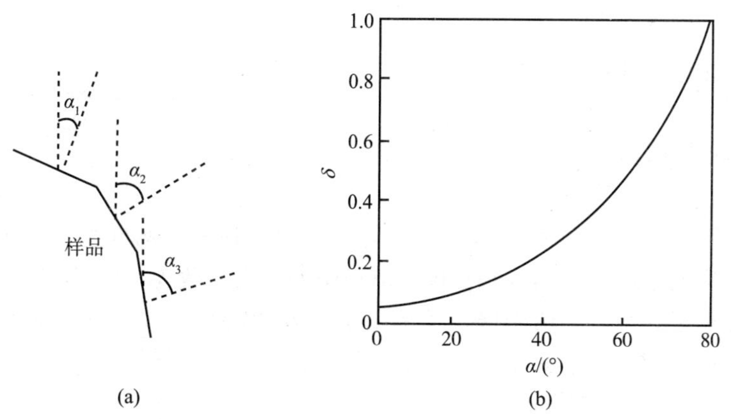

图6-6　二次电子产额 δ 与入射角 α 的关系

(a)不同入射角；(b)产额与入射角的关系

由最上边电子枪发射出来的电子束，经栅极聚焦后，在加速电压作用下，经过2～3个电磁透镜所组成的电子光学系统，电子束会聚成一个细的电子束聚焦在样品表面。在末级透镜上边装有扫描线圈，在它的作用下使电子束在样品表面扫描。

高能电子束与样品物质的交互作用，产生了各种信息：二次电子、背散射电子、吸收电子、X射线、俄歇电子、阴极发光和透射电子等。这些信号被相应的接收器接收，经放大后送到显像管的栅极上，调制显像管的亮度。由于经过扫描线圈上的电流与显像管相应的亮度一一对应，也就是说，电子束打到样品上一点时，在显像管荧光屏上就出现一个亮点。扫描电镜就是这样采用逐点成像的方法，把样品表面不同的特征，按顺序、成比例地转换为视频传号，完成一帧图像，从而使我们在荧光屏上观察到样品表面的各种特征图像。扫描电子显微镜是一种介于透射电子显微镜和光学显微镜之间的观察手段。其利用聚焦的很窄的高能电子束来扫描样品，通过光束与物质间的相互作用，来激发各种物理信息，对这些信息收集、放大、再成像以达到对物质微观形貌表征的目的。扫描电子显微镜的分辨率可以达到1 nm；放大倍数可以达到30万倍及以上连续可调；并且景深大，视野大，成像立体效果好。此外，扫描电子显微镜和其他分析仪器相结合，可以做到观察微观形貌的同时进行物质微区成分分析。扫描电子显微镜在岩土、石墨、陶瓷及纳米材料等的研究上有广泛应用。因此扫描电子显微镜在科学研究领域具有重大作用。扫描电镜用于成像的信号来自入射光束与样品中不同深度的原子的相互作用。样品在电子束的轰击下会产生包括背散射电子、二次电子、特征X射线、吸收电子、透射电子、俄歇电子、阴极荧光、电子束感生效应等在内的多种信号，而一个单一机器能够配有所有信号的探测器是很难的，背散射电子、二次电子、特征X射线探测器是一般扫描电子显微镜的标配探测器。

6.5 扫描电子显微镜的主要性能

扫描电子显微镜的主要性能如下。

6.5.1 放大倍数

当入射电子束做光栅扫描时，若电子束在样品表面扫描的幅度为A_S，在荧光屏上阴极射线同步扫描的幅度为A_C，则扫描电子显微镜的放大倍数为：$M=A_C/A_S$。

由于扫描电子显微镜的荧光屏尺寸是固定不变的，因此，放大倍率的变化是通过改变电子束在试样表面的扫描幅度A_S来实现的。

6.5.2 分辨率

分辨率是扫描电子显微镜主要性能指标。对微区成分分析而言，它是指能分析的最小区域；对成像而言，它是指能分辨两点之间的最小距离。这两者主要取决于入射电子束直径，电子束直径愈小，分辨率愈高。

分辨率并不直接等于电子束直径，因为入射电子束与试样相互作用会使入射电子束在试样内的有效激发范围大大超过入射束的直径。

在高能入射电子作用下，试样表面激发产生各种物理信号，用来调制荧光屏亮度的信号不同，分辨率就不同。

电子进入样品后，作用区是一梨形区，激发的信号产生于不同深度。俄歇电子和二次电子因其本身能量较低以及平均自由程很短，只能在样品的浅层表面内逸出。入射电子束进入浅层表面时，尚未向横向扩展开来，可以认为在样品上方检测到的俄歇电子和二次电子主要来自直径与扫描束斑相当的圆柱体内。

入射电子进入样品较深部位时，已经有了相当宽度的横向扩展，从这个范围中激发出来的背散射电子能量较高，它们可以从样品的较深部位处弹射出表面，横向扩展后的作用体积大小就是背散射电子的成像单元，所以，背散射电子像分辨率要比二次电子像低，一般为 500～2 000 Å。

影响扫描电子显微镜图像分辨率的主要因素有以下几个方面。

①扫描电子束斑直径；

②入射电子束在样品中的扩展效应；

③操作方式及其所用的调制信号；

④信号噪声比；

⑤杂散磁场；

⑥机械振动引起束斑漂流等，使分辨率下降。

6.5.3　景深

景深是指透镜对高低不平的试样各部位能同时聚焦成像的能力范围，这个范围用一段距离来表示。

如图 6-7 所示为电子束孔径角。可见，电子束孔径角是控制扫描电子显微镜景深的

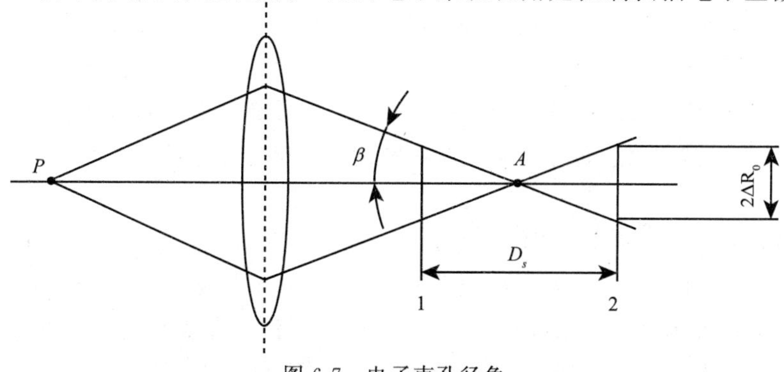

图 6-7　电子束孔径角

主要因素，它取决于末级透镜的光阑直径和工作距离。β 角很小，所以它的景深很大。它比一般光学显微镜景深大 100～500 倍，比透射电子显微镜的景深大 10 倍。

分析技术有很多种类，但实际生产中要根据被检测样品的要求来选择分析方法，最好的方法是常规测试要简单、易于使用和解释以及相对低的建立和维护费用。扫描电子显微分析是物理、化学、生物及材料等多门基础研究的重要试验方法，经过几十年的发展已经成为评价材料微观形貌和成分的主要分析工具之一，在半导体、冶金、化工、矿产、陶瓷、生物等领域材料的分析工作方面有着比较突出的作用，具有广阔的应用前景。扫描电子显微镜是最常用的显微形貌分析技术，具有景深大、图像立体感强、图像真实、放大倍数范围大且连续可调、分辨率高、样品室空间大和样品制备简单等优点，是进行样品表面研究的有效分析工具。其突出优点是对样品的适应性强，对样品形状没有任何限制，块状及粉末样品都可分析，只是样品制备方法有所不同；能直接观察大尺寸样品，这就避免了制备样品的麻烦；使不能被破坏的样品不受损坏，保持其完整性。对于导电性差的不良导体、绝缘体等材料，经表面喷镀导电层处理后即可观察和分析。扫描电子显微镜图像表面形貌衬度几乎可以用于显示任何样品表面的超微信息，其应用已渗透到许多科学研究领域，在失效分析、刑事案件侦破、病理诊断等技术部门也得到广泛应用；在材料科学研究领域，表面形貌衬度在断口分析等方面显示出突出的优越性；在断口分析学中，各种断裂机制的提出均以断口的微观形态学为基础，由于扫描电子显微镜具有大的焦深，且放大倍数从低倍到高倍连续可调，故特别适用于断口的微观形态分析。在实际表面和断口分析工作中，往往在获得断口形貌放大像后，希望能在同一台仪器上进行原位化学成分或晶体结构分析，提供包括形貌、成分、晶体结构或位向在内的丰富资料，以便能够更全面、客观地进行判断分析，因而促进了分析扫描电子显微镜的诞生。扫描电子显微镜配备其他附件后发展成分析扫描电子显微镜，如 X 射线波谱仪、X 射线能谱仪等。在成分分析方面，附加在扫描式电子显微镜上的 X 射线能谱仪是最简便的化学元素分析仪器，其使用率是所有元素分析仪器中最高的。通过探测样品发射特征 X 射线的能量及 X 射线光子的计数，得到按能量色散的 X 射线谱，称为 X 射线能谱仪。X 射线能谱仪是目前 X 射线微区分析最常用的一种分析仪器。扫描电子显微镜配备 X 射线能谱仪，就可以把样品所含元素的分析与其形貌对应起来，在观察某一微区形貌的同时，对该微区所含元素进行原位的定性或定量分析。X 射线能谱分析是用聚焦得很细的电子束照射检测的样品表面，用 X 射线光谱仪测量其所产生的特征 X 射线的强度，从而对该微小区域进行成分分析，是特征微区成分分析的有力工具。通过点分析可直接测量材料的微区元素组分，通过线扫描和面分布等功能可以获得直观的成分分布特征。X 射线能谱分析的优点如下。

①检测效率高。X 射线能谱仪中锂漂移硅探测器对 X 射线发射源所张的立体角大，可以接收到大部分的 X 射线，X 射线强度损失小，因此 X 射线能谱仪的检测效率高。

②空间分析能力强。X 射线能谱仪因检测效率高，可在较小的电子束流下工作，所需的束斑直径较小，因此空间分析能力较强。目前，在分析电镜中的微束操作方式下能谱分析的最小微区已经达到微米数量级。X 射线能谱仪常用的加速电压范围是 10～

30 kV,被加速到这个能值的电子对试样的穿透深度约为微米数量级,横向散布面积与此相近,这就决定了被分析区体积在几立方微米的范围。

③分析速度快。X射线能谱仪可在同一时间内对分析点内的所有X射线光子的能量进行检测和计数,仅需几分钟时间即可得到全谱定性分析结果。因为它能同时接收和检测所有不同能量的X射线光子信号,进一步的能量鉴别由电子学线路进行,数据可以方便地存储和取用。X射线能谱仪收集谱线时,一次即可得到可测的全部元素,因而分析速度快,可以进行定性和定量分析,分析方式有定点定性分析、定点定量分析、元素的线分布、元素的面分布分析。

④可靠性强。X射线能谱仪结构简单,没有机械传动部分,数据的稳定性和重现性较好,微米体积内准确度高。电子探针能谱分析在微区内做化学分析的能力是无与伦比的,在做了基体修正以后,在大多数的情况下它都能以低于±1%的相对误差在几立方微米的体积内对绝大部分元素做定量分析。

⑤样品要求低。X射线能谱仪对样品表面没有特殊要求,适合于各种表面的成分分析。X射线能谱仪的结构比波谱仪紧凑,它没有运动的部件,稳定性好,便于实现谱峰位置的重复性,由于能谱仪没有聚焦的要求,对样品表面发射点的位置没有严格的限制,可用于较粗糙表面的分析工作,电子束在表面做光栅扫描时,不存在失焦问题。

⑥损伤小。用X射线能谱仪进行分析,对试样的物理、化学状态基本无损伤。X射线能谱分析不用像化学分析那样对试样进行溶解、提取,便可以直接分析,其分析为非破坏性的。因此,用X射线能谱仪分析贵重、稀有试样,以及用于生产过程中提供中间检验数据或检验后要求复验的试样的分析最为适宜。

⑦分析方法单一。X射线能谱仪可同时分析多个元素,便于自动化操作。元素周期表中从B到U的元素都能用X射线能谱仪进行分析,而且一般都能用统一的分析程序来进行,因此便于分析操作的自动化,以及简化分析手续和加快分析进度。常用的X射线能谱仪能检测到的成分含量下限为0.1%(质量分数),可以应用在判定合金中析出相或固溶体的组成、测定金属及合金中各种元素的偏析、研究电镀等工艺过程形成的异种金属的结合状态、研究摩擦和磨损过程中的金属转移现象及失效件表面的析出物或腐蚀产物的鉴别等方面。

6.6 扫描电子显微镜的成像原理与应用

6.6.1 扫描电子显微镜衬度成像原理与应用

(1)扫描电子显微镜衬度成像原理

扫描电子显微镜像衬度的形成主要基于样品微区诸如表面形貌、原子序数、晶体结构、表面电场和磁场等方面存在着差异。入射电子与样品相互作用，产生各种特征信号，其强度就存在着差异，最后反映到显像管荧光屏上的图像就有一定的衬度，例如，表面形貌衬度和原子序数衬度。

表面形貌衬度是由于试样表面形貌差别而形成的衬度。利用对试样表面形貌变化敏感的物理信号作为显像管的调制信号，可以得到形貌衬度图像。

形貌衬度的形成是由于某些信号，如二次电子、背散射电子等，其强度是试样表面倾角的函数，而试样表面微区形貌差别实际上就是各微区表面相对于入射电子束的倾角不同，因此电子束在试样上扫描时任何两点的形貌差别，都表现为信号强度的差别，从而在图像中形成显示形貌的衬度。

二次电子像的衬度是最典型的形貌衬度。

由于二次电子信号主要来自样品表层 5～10 nm 深度范围，它的强度与原子序数没有明显的关系，而仅对微区刻面相对于入射电子束的位向十分敏感，且二次电子像分辨率比较高，所以特别适用于显示形貌衬度。

形貌衬度原理：α 越大，δ 越高，反映到显像管荧光屏上就越亮。

以图 6-8 样品上 A 区和 B 区为例，A 区中由于 α 大，发射的二次电子多，而 B 区由于 α 小，发射的二次电子少。所以 A 区的信号强度较 B 区的信号大，故在图像上 A 区也较 B 区亮。

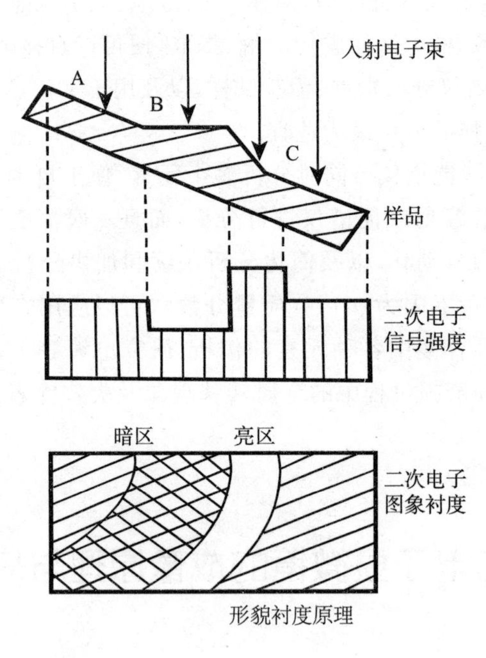

图 6-8　表面形貌衬度原理图

实际样品表面的形貌要复杂得多，但形成二次电子像衬度的原理是相同的。

实际样品可以被看作是由许多位向不同的小平面组成的(图 6-9)。入射电子束的方向是固定的，但由于试样表面凹凸不平，它对试样表面不同处的入射角也是不同的，因而在荧光屏上反映出不同的衬度(图 6-10)。

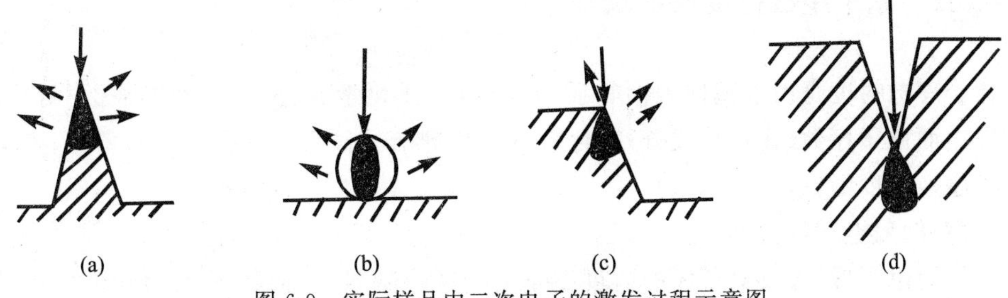

图 6-9 实际样品中二次电子的激发过程示意图

(a)凸出尖端;(b)小颗粒;(c)侧面;(d)凹槽

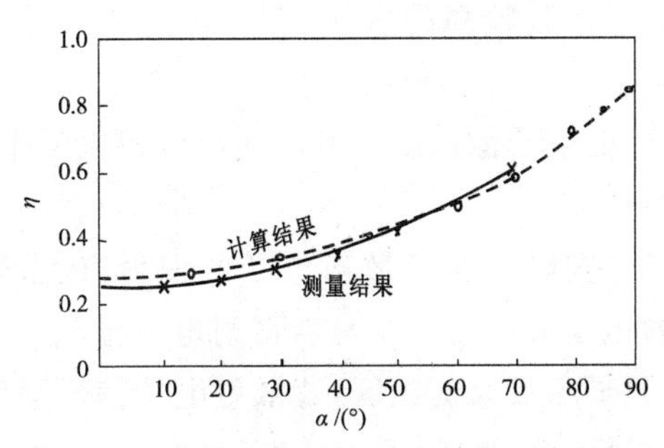

图 6-10 背散射系数 η 随入射角 α 的变化

①突出的尖棱、小粒子、比较陡的斜面处的图像亮度较大。

②平面的亮度较低。

③深的凹槽底部虽然能产生较多的二次电子,但不易被检测器收集到,因此槽底的衬度较暗。

在电子收集器的栅网上加上+250 V 的偏压,可以使低能二次电子走弯曲轨道到达电子收集器,这不仅增大了有效收集立体角,提高了二次电子信号强度,而且使得背向收集器的那些区域产生的二次电子,仍有相当一部分可以通过弯曲的轨道到达收集器,有利于显示背向收集器的样品区域细节,而不至于形成阴影。

(2)表面形貌衬度的应用

二次电子像(表面形貌衬度)的分辨率比较高且不易形成阴影等优点,使其成为扫描电镜应用最广的一种方式,尤其在失效工件的断口检测、磨损表面观察以及各种材料形貌特征观察上,已成为目前最简便且有效的手段。

背散射电子信号也可以用来显示样品表面形貌,但它对表面形貌的变化不那么敏感,背散射电子像分辨率不如二次电子像高,有效收集立体角小,信号强度低,尤其是背向收集器的那些区域产生的背散射电子不能到达收集器,在图像上形成阴影,掩盖了那里的细节。

6.6.2 原子序数衬度原理及其应用

原子序数衬度是由于试样表面物质原子序数(或化学成分)差别而形成的衬度。以对试样表面原子序数(或化学成分)变化敏感的物理信号作为显像管的调制信号,可以得到原子序数衬度图像。

(1)背散射电子像衬度

背散射电子像、吸收电子像的衬度都含有原子序数衬度,而特征 X 射线像衬度就是原子序数衬度。

①背散射电子信号强度随原子序数增大而增大。

②样品表面上平均原子序数较高的区域,产生较强的信号,在背散射电子像上显示较亮的衬度。

③因此,可以根据背散射电子像衬度来判断相应区域原子序数的相对高低。

(2)吸收电子像衬度

吸收电子信号强度与二次电子及背散射电子的发射有关,若样品较厚,即 $\tau=0$,则 $\eta+\delta+\alpha=1$。这说明吸收电子像的衬度是与背散射电子像和二次电子像互补的。

因此,样品表面平均原子序数大的微区,背散射电子信号强度较高,而吸收电子信号强度较低,两者衬度正好相反。

二次电子发射数量的分布不仅与样品表面的几何形貌和物质成分有关,而且与样品的电位分布相对应,这是因为二次电子是一种低能电子,它的运动轨迹很容易受样品表面电位的影响,因此,从二次电子像中很容易显示出样品表面存在电位所引起的衬度效应,这种衬度效应称为电压衬度,相应所获得的扫描图像称为电压衬度图像,它能真实反映样品各处的电位分布。

二次电子像的电压衬度强烈地依赖于检测系统的结构。对于闪烁晶体检测系统,二次电子通常是在收集极正电压(250 V)的电场作用下以一定的运动轨迹进入闪烁晶体中,如果在试样表面各部分间存在电位差异,或在试样表面上存在电场,就会引起二次电子的运动轨迹改变,从而影响检测效率而产生衬度效应。

一般来说,二次电子像的电压衬度效应比几何衬度效应要弱得多。为了能观察到这种弱的衬度效应,可以采取如下措施。

①采用较低能量的入射电子束。

②采用较低的收集极电压。

③提高样品室的真空度,以防试样表面被污染而使这种衬度效应更弱。

扫描电子显微镜成像主要包括二次电子像和背散射像两种模式。二次电子是入射电子束轰击样品表面原子后产生的核外电子,其产额取决于样品表面相对于入射电子束的倾角。对于具有一定形貌的样品,其表面可看成由许多不同倾斜程度的凸起、台阶、凹坑等细节组成,导致不同部位发射的二次电子数不同,从而产生衬度。根据二次电子信号可分析样品的表面形貌。二次电子像具有分辨率高、景深大等优点,是主要成像方式。

背散射电子是被固体样品中的原子核反弹回来的一部分入射电子。背散射电子的产生范围深,其产额随原子序数的增加而增加。原子序数大的区域收集到的背散射电子数量较多,则形成的图像较亮;相反,原子序数小的区域收集到的背散射电子数量较少,形成的图像较暗。因此利用背散射电子像,不仅能分析形貌特征,还可以定性地进行成分分析。

第七章　电化学工作站原理

7.1　电化学工作站的工作原理

电化学工作站的发展是现代电子技术与电化学理论研究的产物，欧洲的电化学研究起步较早，并且凭借着先进的电子技术在电化学检测研究领域处于世界领先地位。早在20世纪50年代，Delahay就从理论上系统地讨论了用交流激励的方法研究电化学过程动力学的问题。20世纪60年代初，荷兰物理化学家Sluyters在实验中实现了交流阻抗谱方法在电化学过程研究上的应用，成为电化学阻抗谱的创始人。目前，荷兰、法国和美国等国家在电化学工作站的研究上投入很大的人力、物力，在金属腐蚀与保护、电池检测、交流阻抗分析等领域取得了很多的成果。

电化学测试在电化学基础研究、电镀、金属腐蚀与防护、电解、电化学电源以及电分析化学等领域得到广泛的应用。伴随着电子信息技术的发展，电化学测试仪器的研制经历了从分离元件电路到大规模、高品质集成电路的发展过程。仪器的外形尺寸越来越小，质量越来越轻，而仪器的性能(如响应时间、输入阻抗、电位/电流的控制精度等)相比从前有了大幅度的提高。伴随着计算机技术的快速发展和应用，电化学测试被赋予了新的内涵。计算机技术被用于控制整个测试系统和协调其运行，自动进行数据采集和数据处理的测试仪器越来越得到重视。最初，测试仪器采用单片机为前端机，简单地与微机进行连接，但是从微机化电化学分析测试系统的实用性和商业化的角度来看，单片机控制的电化学测试系统仍然存在问题：单片机的支持软件少；系统与计算机相连接的自制专用接口，一般是针对某类型计算机设计的，系统成本高、可移植性差。因此，人们又改进了工作站，于是形成了以微机为上位机、单片机为现场站的二级系统。单片机进行数据的采集与存储，微机进行数据的管理和分析，产生了很多面向不同应用的电化学工作站。电化学分析测试方法主要包括恒电位、恒电流、线性扫描、脉冲、方波、交流技术、阻抗测试等，人们使用这些测试方法可以得到电化学体系较全面的信息。随着计算机技术的高速发展，包含多种电化学分析测试方法利用计算机、数字处理技术的电化学工作站得到了较快的发展，在电池检测、金属腐蚀和保护等不同的应用领域分别有了不同的产品。

应用于金属腐蚀保护以及超级电容测量的电化学工作站，对于恒电位仪、动态电位扫描的精度要求比较高。这方面应用的代表产品是美国 Arbin 公司的 MSTAT 系列的多电极恒电位仪/恒电流仪和美国 Gamry 电化学工作站。美国 Arbin 公司在全球中小型电池测试市场占有很大的份额，尤其是在燃料电池测试设备的技术方面，Arbin 公司处于领先地位。

应用于化学电源交流阻抗测试的电化学工作站代表产品为美国普林斯顿应用研究公司的 VMP3 多通道电化学工作站，该工作站计算机控制的多通道恒电位/恒电流仪采用 Windows 电化学和电池软件、以太网通信方式。每个通道都可独立控制，或同时使用其他通道对不同电极进行相同实验。另外，多达 16 个恒电位仪(通道)可共用一个参比电极和一个辅助电极；每个恒电位仪具有±10 V 电位扫描范围、400 mA 电流范围、20 V 槽压；每个通道都可以使用内置阻抗分析仪进行阻抗测量，电化学阻抗谱范围为 10 μHz 至 500 kHz，输入阻抗高达1 014 Ω；可装配多个电化学阻抗谱通道，可同时对每个通道进行阻抗测量。一个 VMP3 多通道电化学工作站同时可包含多个电化学阻抗谱通道和非电化学阻抗谱通道。

模块化多功能电化学工作站代表产品为美国普林斯顿应用研究公司的 PAR273A 电化学工作站，该产品采用不同的模块，在电化学腐蚀与保护、电池检测、交流阻抗测试时可以根据不同的需要选用不同的功能模块和电极，但是造价较高。通过以上分析，国外的电化学工作站起步比较早，技术领先，发展迅速但是价格较高。

20 世纪 80 年代计算机的普及大大加快了电化学工作站的发展，20 世纪 80 年代初期，江苏电分析仪器厂与中国科学技术大学合作开发和生产了我国自行研制的第一代电化学工作站，20 世纪 90 年代我国电化学界出现了研制开发智能化、多功能、微机自动控制电化学综合分析测试系统的小高潮。1997 年，中国科学技术大学化学系研制的 KD586 微机电化学分析系统通过了成果鉴定，其主要性能达到国际同类产品的先进水平。同时，我国的科研工作者不断将多种电化学工作与实际研究工作相结合，例如将 MEC-12A 多功能电化学工作站与 APPLE-Ⅱ型工作站应用到电化学腐蚀中，进行电位溶出和计时电位溶出试验，研制出超微电极电化学仪器等。产品结构也不断升级，如以单片机为前端机，结合 HDV-7 恒电位仪研制的微机化电化学测试系统，电位分辨率可达 0.1 mV，输出放大信号 10 倍，在此之后出现了以单片机为现场站(配有专门的恒电位仪/恒电流仪)，以微机为上位机的二级系统，大大提高了系统的可移植性。到了 20 世纪 90 年代末，我国的电化学工作站不断完善，逐步走向成熟，如天津市兰力科化学电子高技术有限公司生产的 LK98 系列电化学工作站。该公司首先推出的主要用于电化学分析的 LK98A，恒电位范围为±4 V，电流为 100 mA，电流检测下限<200 pA；随后与长春应用化学研究所研制的 ECS2000 电化学测试系统相结合又推出 LK98B 电化学工作站，恒电位范围提高到±10 V。随着电子技术的不断发展进步和软件开发力度的加大，该公司又推出了 LK98Ⅱ可进行 30 多种不同的电化学与电分析测试，系统稳定，功能有了明显的加强。另外，江苏江分电分析仪器有限公司的 MEC-12B 多功能微机电化学分析仪、郑州

杜甫仪器厂的 DF-2002 电化学工作站等，这些都展现了我国电化学工作站走向自动化、智能化。

交流阻抗测试是电化学测量中有效的工具，国外的交流阻抗测量系统虽然比较成熟，但是价格昂贵，国内的科研工作者一直致力于这方面的研究，如张小武发明了采用拉普拉斯变换的交流阻抗测量系统，董泽华等基于高速数据采集并采用计算机拟合研制了频域法的阻抗测量。但是与欧美先进厂商的同类产品比起来我国现有产品的性能指标、配套功能相对落后，进一步提高频率测量范围和准确度、缩短在低频的测量时间和改进仪器设备将成为今后国内电化学仪器研发的重点。综合了国内外电化学工作站的研究现状，目前市场上电池检测设备有以下特点：国外电化学工作站通常成本较高，价格昂贵，比如 Zahner、Solitron、Gamry 这些国外厂商的仪器，不能被广大的国内市场接受；国内厂商生产的电化学测量仪器往往性能单一，并且测量精度不高。为了满足国内电化学交流阻抗谱法的研究需要，有必要开发具有电化学交流阻抗测量的多功能的电化学工作站。

电化学是物理化学的一个学科分支。物理化学的基本原理也同样适用于电化学中化学反应的研究。不过与一般的物理化学变化相比，电化学反应中由于出现了一个新的自由度——电极电位，这让电化学研究又有些不同。电化学测试主要研究的是电子导体相与离子导体相二者发生反应时化学能与电能之间的转换及其规律。通过电化学测试来分析各反应参数的关系，从而达到对电化学反应过程的控制和实时监控。目前，电化学测试方法主要分为两类，即暂态法测量和稳态法测量。这两种方法的主要思路是，通过外部激励信号控制电化学动态反应体系中的电极电位/极化电流的大小并同时检测反应体系极化电流/电极电位的变化，建立等效的电路模型，运用电化学测试理论还原出电化学反应动态参数的变化。在这里，外部激励源相当于干扰信号，测量获取的电位/电流信号相当于反应体系的响应信号。为了得到比较真实的动态反应参数，需要确保电化学反应体系的稳定性，以及激励信号与响应信号的因果性。电化学测试的两种方法在进行具体测试时包括电压模式测量与电流模式测量两种模式。所谓稳态法，就是保证电化学反应体系的各反应参数(如电流密度、电极电势、电极与电解质溶液界面之间电子/空穴和离子的浓度等)处于一个动态平衡的状态。常见的稳态测量法有恒电位极化法、动电位扫描法、恒电流极化法、动电流扫描法。暂态测量法是相对于稳态测量法而言的，它是指通过改变外部激励信号使电化学反应体系从一个稳定状态过渡到另一个稳定状态，中间的过渡状态就称为暂态。常见的暂态测试法有恒电位阶跃法、恒电流阶跃法、恒电位方波法、恒电流方波法以及交流阻抗测试法等。

电化学测试通常采用四电极体系、三电极体系以及两电极体系，它们均可以同时实现对电化学反应过程中的电极电位信号与极化电流信号的控制和测量。设计良好的电极控制测量可以保证不从电化学反应体系中吸收电流，从而减少电化学测试对反应体系的影响。典型的四电极测量体系如图 7-1 所示(三电极与两电极体系结构与四电极体系类似，主要取决于测试时 CE、RE、SE 及 WE 的接法)。

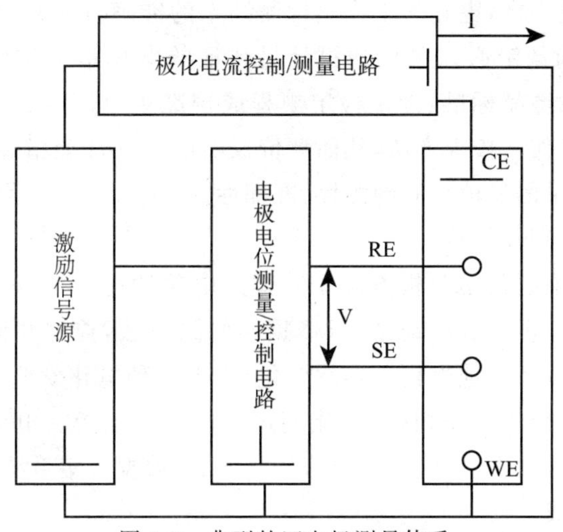

图 7-1 典型的四电极测量体系

如图 7-1 所示，WE(working electrode)为工作(研究)电极，在金属腐蚀性测试实验中，该电极常采用腐蚀性材料；在物理电化学测试实验中，该电极常采用惰性材料，这样可以使电流不受工作电极的影响而流到其他的电极。RE(reference electrode)为参比电极，顾名思义，在电化学测试中，它是作为一个电势参考点。SE(sense electrode)为感应电极，它是从工作电极 WE 分离出来的一个电极，常用于液-液界面的测量，可以消除接触阻抗和线路阻抗。CE(counter electrode)为辅助电极，又称对电极，在电化学测试体系中，该电极与工作电极 WE 一起作为电流流通的路径。在图 7-1 所示的四电极测量体系中，根据需要，测量体系可以工作在电压模式或电流模式，图中电极电位测量/控制电路、极化电流控制/测量电路是两路兼具信号控制与测量的功能复用电路。当测量体系工作在电压模式时，激励信号源和电极电位控制电路确保施加在参比电极 RE 与感应电极 SE 两端的电化学测试电压信号为给定的电压信号 V，从而使电化学测试体系处于电压测试模式，同时通过极化电流测量电路对流过辅助电极 CE 的极化电流信号 I 进行检测。当测量体系工作在电流模式时，工作过程与电压模式相反。

电化学工作站是一种多功能电化学分析系统，能够准确控制电化学反应电位，并依据不同的方法，检测电流等信号参数的变化，已经被广泛应用于医疗器械、石油化工和电池等行业。国内外已发布了多项使用电化学工作站的方法标准：《外科植入物　不锈钢产品点蚀电位》(YY/T 1074—2002)中规定采用电化学工作站测量外科植入物不锈钢产品在模拟人体生理环境中的点蚀电位；《小型植入器械腐蚀敏感性的循环动电位极化标准测试方法》(YY/T 0695—2008)中规定使用电化学工作站评价，包括血管支架、尿道支架和心脏封堵器等小型金属植入医疗器械或其部件的腐蚀敏感性；《防锈油防锈性能试验　多电极电化学法》(GB/T 26105—2010)中规定使用电化学工作站对铁基材料上防锈油性能进行比较；美国材料与试验协会《测量铝合金潜在腐蚀性的标准试验方法》(ASTM G69—2020)中规定采用电化学工作站对机动车或冰箱中散热铝片的自腐蚀电位进行测量。由于电化学工作站的应用领域关系到人身安全、工业生产及人们的日常生活，同其他的计量器具一样，电化学工作站检测结果的准确可靠非常重要。目前，在医疗器械行业中，我国明确规定必须采用通过计量认证的电化学工作站进行相关实验。但是，国内外尚无通行的产品标准、计量检定规程或校准规范。本书作者根据多年的实践研究，建立了电化学工作站校准方法，从而评价仪器的各项性能指标，保障电化学工作站的产品质量及测量结果的量值具有溯源性、准确性。

(1)仪器的工作原理及结构

电化学工作站是集电化学分析方法于一体的电化学通用仪器，将恒电流仪、恒电位仪和电化学交流阻抗分析仪有机地结合，依据不同的方法，控制和监测多种状态下电化学体系中电流和电位以及其他电化学参数变化，实现多种电化学测试功能。常用的分析方法有循环伏安扫描、交流伏安扫描、电流滴定和电位滴定等。电化学工作站主要由恒电流仪、恒电位仪、信号发生器、电位电流信号滤波器、数据采集系统、多级信号增益和 IR 降补偿电路等部分组成。

(2)电化学工作站的基本功能

电化学工作站主要功能有恒电位功能、恒电流功能。同时根据实际需求加入了导体电阻测量、阴极保护以及远程监控功能。

①恒电位功能。

在三电极体系中，即便从一开始就把相对于参比电极的研究电极电位设定为某值，但由于随着电极反应的进行，电极表面反应物浓度不断减少，生成物浓度不断增加，电极电位将偏离初始设定电位。所以，为了使设定的电位保持一定，就应随着研究电极和参比电极之间的电位变化，不断地调节施加于两电极之间的电压。可是，这样的操作在很短的时间里是无法做到的，只能借助于恒电位仪来实现。恒电位仪是电化学研究工作中的重要仪器。它不仅可以用于控制电极电位为指定值，从而达到恒电位极化包括电解、电镀、阴阳极保护和研究恒电位暂态等目的，还可以用于控制电极电流为指定值，实际上就是控制电流取样电阻上的电位降，以达到恒电流极化和研究恒电流暂态等目的。再配以信号发生器，使电极电位或电流自动跟踪信号发生器给出的指令信号而变化。

②恒电流功能。

当运行在恒电流功能时，电化学工作站的恒电流模块控制流过工作电极和辅助电极间的电流等于给定的电流值，而且电解池中等效电阻的变化也不会影响电流，同时测量工作电极相对于参比电极的电位值并保存。

(3)电化学工作站的主要性能指标

①信号波形。该电化学工作站可以产生方波、三角波、正弦波三种波形。

②波形频率。波形频率范围为 1 mHz 至 50 Hz。

③扫描方式。该电化学工作站的波形扫描方式有单次、往返、连续三种。

④信号幅度。波形电压范围为－10～＋10 V 连续可调。

⑤恒电位范围。－10～＋10 V 连续可调。

⑥恒电流范围。－2～＋2 A 连续可调。

⑦电位调整率。电网电压变化±10%，“工作电极”对“电位输出”的变化不大于

5 mV。

⑧漂移特性。仪器连续工作 24 h“工作电极”对“电位输出”的漂移不大于 5 mV。

7.2 电化学阻抗法的测试原理

电化学阻抗法(electrochemical impedance spectroscopy,EIS)是最基本的电化学研究方法之一,在涉及电极表面反应行为的研究中具有重要作用。电化学阻抗谱的激励信号为小幅度正弦波交流信号,可以叠加在给定的电极电位或极化电流的直流分量上,当电化学体系达到交流稳定状态后,测量交流响应信号,通过分析测量体系中输出的阻抗、相位、时间的变化关系,从而获得吸脱附、电化学反应、表面膜以及电极过程的动力学参数等信息。

电化学阻抗测试原理为对电化学体系施以小振幅的对称的正弦波电信号扰动并同时测量其响应,响应信号与扰动信号的比值称为阻抗或导纳。测出不同频率的阻抗实部和虚部,得到一系列数据点,构成阻抗谱图。

电化学阻抗是将化学物质的变化归结为电化学反应,也就是以体系中的电位、电流或者电量作为体系中发生化学反应的量度进行测定的方法,包括电流-电位曲线的测定、电极化学反应的电位分析、电极化学反应的电量分析,对被测对象进行微量测定的极谱分析、交流阻抗测试等。

电化学阻抗法是用小幅度交流信号扰动电解池,并观察体系在稳态时对扰动的跟随情况,同时测量电极的交流阻抗,进而计算电极的电化学参数。从原理上来说,阻抗测量可应用于任何物理材料、任何体系,只要该体系具有双电极,并在该双电极上对交流电压具有瞬时的交流电流相应特性即可。

(1)电化学系统的交流阻抗的含义

给黑箱(电化学系统 M)输入一个扰动函数 X,它就会输出一个响应信号 Y。用来描述扰动与响应之间关系的函数,称为传输函数 G。若系统的内部结构是线性的稳定结构,则输出信号就是扰动信号的线性函数。

(2)电化学阻抗法测量的前提条件

①因果性条件(causality)。输出的响应信号只是由输入的扰动信号引起的。

②线性条件(linearity)。输出的响应信号与输入的扰动信号之间存在线性关系。电化学系统的电流与电势之间是动力学规律决定的非线性关系,当采用小幅度的正弦波电势信号对系统扰动,电势和电流之间可近似看作呈线性关系。通常作为扰动信号的电势正弦波的幅度在 5 mV 左右,一般不超过 10 mV。

③稳定性条件(stability)。扰动不会引起系统内部结构发生变化,当扰动停止后,系统能够恢复到原先的状态。可逆反应容易满足稳定性条件;不可逆电极过程,只要电极表面的变化不是很快,当扰动幅度小、作用时间短及扰动停止后,系统也能够恢复到离原

先状态不远的状态，可以近似地认为满足稳定性条件。

电化学阻抗谱是给电化学系统施加一个频率不同的小振幅的交流正弦电势波，测量交流电势与电流信号的比值（系统的阻抗）随正弦波频率的变化，或者是阻抗的相位角随频率的变化。

(3)电化学阻抗法的原理

由于采用小幅度的正弦电势信号对系统进行微扰，电极上交替出现阳极和阴极过程，二者作用相反，因此，即使扰动信号长时间作用于电极，也不会导致极化现象的积累性发展和电极表面状态的积累性变化。因此，电化学阻抗法是一种“准稳态方法”。

由于电势和电流间存在线性关系，测量过程中电极处于准稳态，使得测量结果的数学处理简化。

电化学阻抗法是一种频率域测量方法，可测定的频率范围很宽，因而比常规电化学方法得到更多的动力学信息和电极界面结构信息。

(4)利用电化学阻抗法研究电化学系统的基本思路

将电化学系统看作是一个等效电路，这个等效电路是由电阻、电容、电感等基本元件按串联或并联等不同方式组合而成的，通过电化学阻抗法，可以测定等效电路的构成以及各元件的大小，利用这些元件的电化学含义，来分析电化学系统的结构和电极过程的性质等。

电化学阻抗谱在早期的电化学文献被称为交流阻抗。阻抗测量原本是电学中研究线性电路网络频率响应特性的一种方法，用来研究电极过程后，已成为电化学研究中的一种不可或缺的实验方法。

对电解池体系施加正弦电压（或电流）微扰信号，使研究电极的电位（或电流）按小幅度正弦波规律变化，同时测量交流微扰信号引起的极化电流（或极化电位）的变化，通过比较测定的电位（或电流）的振幅、相位与微扰信号之间的差异求出电极的交流阻抗，进而获得与电极过程相关的电化学参数。

电化学阻抗法是一种以小振幅的正弦波电位（或电流）为扰动信号的电化学测量方法。以小振幅的电信号对体系扰动，一方面可避免对体系产生大的影响，另一方面也使扰动与体系的响应之间近似呈线性关系，这就使得测量结果的数学处理变得简单。同时，电化学阻抗法又是一种频率域的测量方法，它以可测量得到的频率范围很宽的阻抗谱来研究电极系统，因而能比其他常规的电化学方法得到更多的有关动力学信息及电极界面结构的信息。

(5)电化学阻抗谱法的特点

①电化学阻抗谱法是一种集准稳态、暂态于一体的电化学测量方法。

第一，对于实验点而言，同一周期内（图 7-2），对单一点来说，因为小幅度，是稳态的特征；对不同的点连接起来，有正、负（阴、阳极）与时间有关，不同点间的关系属于暂态。

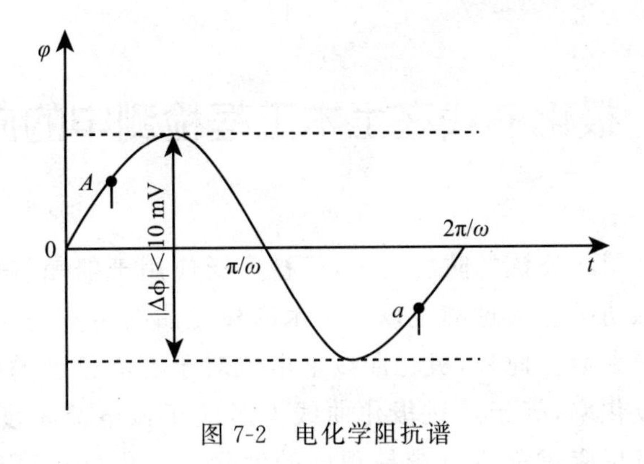

图 7-2　电化学阻抗谱

第二，对于实验过程而言，不同周期，如($N+1$)周期重复(N)周期的特征，属于稳态特征；同一周期点与点之间与时间有关，上部为阳极极化过程，下部为阴极极化过程，具备暂态特征。

②适合测量快速的电极过程。

原因：要求下一周期与上一周期可重复，电极随频率变化很快达到稳态。电极过程是通电时发生在电极表面一系列串联的过程（传质过程、表面反应过程和电荷传递过程）。

③浓差极化不会积累性发展，但可通过交流阻抗将极化测量出来。

第一，控制幅度小（电化学极化小）；

第二，交替进行的阴、阳极过程，消除了极化的积累。

④电化学反应电阻、双层电容和溶液电阻是线性的，符合欧姆特征，近似常数（小幅度测量信号）。

(6)阻抗与导纳

对于一个稳定的线性系统 M，如以一个角频率为 ω 的正弦波电信号（电压或电流）X 为激励信号（在电化学术语中也称作扰动信号）输入该系统，则相应地从该系统输出一个角频率也是 ω 的正弦波电信号（电流或电压）Y，Y 即是响应信号（图 7-3）。

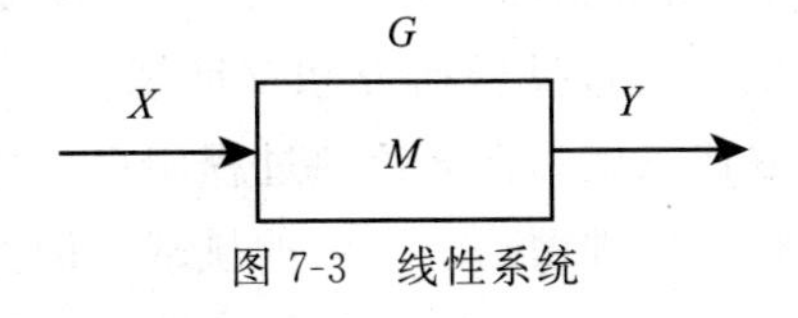

图 7-3　线性系统

阻抗(impedance)：如果扰动信号 X 为正弦波电流信号，而 Y 为正弦波电压信号，则称 G 为系统 M 的阻抗。

导纳(admittance)：如果扰动信号 X 为正弦波电压信号，而 Y 为正弦波电流信号，则称 G 为系统 M 的导纳。

7.3 极化曲线在土木工程检测中的应用

阴极保护技术是国际公认的防腐技术，已被广泛应用于船舶、码头、海上平台和埋地管线等设施的腐蚀防护。通过测定该项技术的极化曲线可获得保护电流范围、保护电位范围等阴极保护参数。此外，极化曲线上电位对于电流密度的倒数称为电极在该电流密度时的真实极化率，等于通过极化曲线上对应于该电流密度的点的切线斜率。极化率的倒数是电极反应过程进行难易程度的度量。极化率小，阻力小，电极反应容易进行。因此，极化曲线的测量对揭示金属腐蚀的基本规律以及化学电源、电镀、电冶金、电解、金属防腐蚀和电化学基础研究等有着重要的意义。现有的极化曲线的测定方法主要是通过手动测试记录数据或者是通过电化学分析系统、恒电位仪来测量。而在实际的环境中，钢筋的电位是随着海水的温度和盐溶液的浓度的变化而改变的。对于实际环境中的极化曲线的测试，现有的技术已不能满足。针对这种情况，研究人员设计了一种外加电流的极化曲线自动测试装置。该装置通过嵌入式系统控制恒电流激励的电压，来改变阴极保护系统的电流，采集到的数据可通过数据通信接口，无线通信模块，传输到计算机，实现远程监控。该装置能自动、实时地采集数据，绘制不同时刻的极化曲线，并通过无线通信模块实现远程监控，以此来监控结构物的保护状态。这里以混凝土中的钢筋为例。

混凝土中钢筋的锈蚀是一个非常复杂的电化学过程，目前国内外学者在建立钢筋锈蚀速率模型时，普遍借鉴了金属腐蚀学的研究成果，假定混凝土中钢筋的锈蚀速率受氧扩散速率所控制，这种假定的正确性和合理性直接决定了由此建立的理论模型的适用程度。由于金属腐蚀学研究的对象，大都是金属处于溶液、水或土壤中，整个腐蚀过程受氧扩散控制已为无数的研究所证实，然而大气环境混凝土中钢筋的腐蚀和前几种不同，目前已有研究发现钢筋的锈蚀速率随混凝土湿含量的增大而增大，直至混凝土完全饱水，钢筋的锈蚀速率也没有出现下降，和混凝土中氧扩散速率的变化趋势截然相反，这是上述假定所无法解释的。姬永生等通过试验研究和钢筋锈蚀产物物相组成的变化分析证明锈蚀产物中 FeOOH 可以取代氧成为钢筋锈蚀过程阴极反应的新的去极化剂，传统的氧作为单一阴极去极化剂的锈蚀机理面临着严峻的挑战。因此，探究高湿供氧困难情况下混凝土内钢筋仍高速锈蚀的内在机理，对于建立正确、合理钢筋锈蚀速率模型具有重要的意义。腐蚀极化曲线图是进行金属腐蚀机理分析的重要工具之一。在研究的基础上，运用腐蚀极化曲线图全面解释混凝土中钢筋锈蚀过程，探究混凝土由干燥到饱水变化过程混凝土内钢筋锈蚀速率变化的内在机理，并讨论在干湿循环过程中混凝土中钢筋的锈蚀过程，为预测钢筋混凝土的使用寿命奠定基础。

7.3.1　金属腐蚀极化曲线图

(1)腐蚀电池的极化曲线图

腐蚀电池的极化曲线图如图 7-4 所示。图 7-4 中曲线 A 和 C 分别表示腐蚀电池的阳极极化曲线和阴极极化曲线。腐蚀电池工作时,局部阳极和局部阴极均发生极化,如果溶液电阻可以忽略,这两条曲线必交于 S 点,S 点对应的电位为自腐蚀电位 E_{corr},与之相对应的阳极氧化反应电流为自腐蚀电流 I_{corr},单位面积上的自腐蚀电流为自腐蚀电流密度 i_{corr}。极化曲线的斜率称为极化率,图 7-4 中 p_c和 p_a分别为阴、阳极电极反应的极化率。

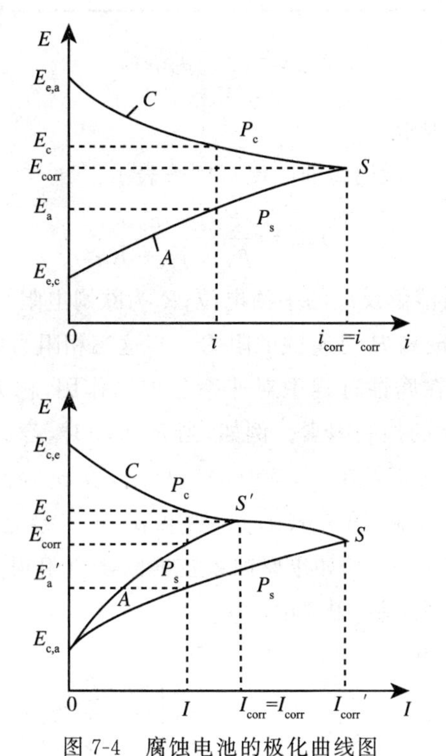

图 7-4　腐蚀电池的极化曲线图

(a)阴极、阳极面积相等;(b)阴极、阳极面积不相等

如果阳极和阴极的工作面积相等,那么 $i_a \equiv i_c$,可以使用 E-i 坐标系画极化图[图 7-4(a)]。如果阳极和阴极的工作面积不相等,那么 $I_a \equiv I_c$,但 $i_a \neq i_c$.由于在 E-i 坐标系中,阳极极化曲线和阴极极化曲线并无直接的关系,故在金属腐蚀的研究中常使用 E-I坐标系画极化图[图 7-4(b)]。

如果忽视图 7-4(b)中极化曲线的具体形状而用直线表示,便得到 E_{vans}极化图,如图 7-5 所示。在实际的腐蚀体系中,由于阴阳极间电解质电阻的存在,阴阳极极化曲线一般无法交于一点,阴阳极平衡电位分别只能各自极化到 E_c和 E_a,E_c和 E_a称为阴、阳极的电极反应电位,阳极平衡电位正向的偏移量 E_a-$E_{e,a}$称为阳极过电位,用 η_a表示,阴极平衡电位负向的偏移量 $E_{e,c}$-E_c称为阴极过电位,用 η_c表示。阴阳极间电解质电阻产生的电

位降为 $I_{corr}R$。

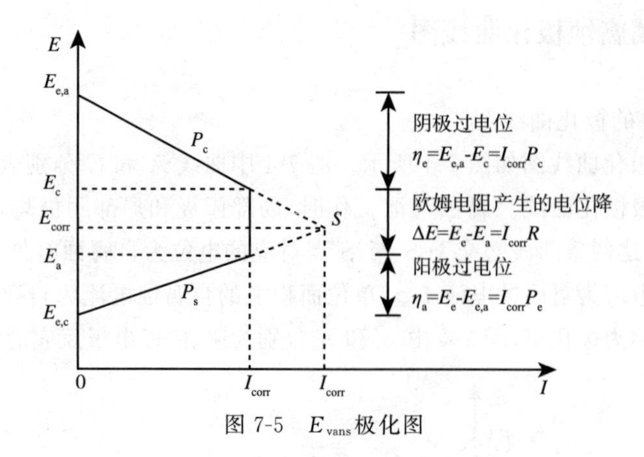

图 7-5 E_{vans} 极化图

(2)腐蚀过程的控制因素

金属腐蚀速率的大小一般用腐蚀电流强度来表示：

$$I_{corr}=\frac{E_{e,c}-E_{e,a}}{p_a+p_c+R} \tag{7.1}$$

式中：$E_{e,a}$、$E_{e,c}$ 为阳、阴极溶解反应的平衡电位；R 为欧姆电阻。

由式(7.1)可知，p_c、p_a 和 R 是腐蚀的阻力。当这三相阻力中的任意一项明显地超过另外两项时，这一阻力将在腐蚀过程中对速率起控制作用，称为控制因素。利用极化图可以非常直观地判断腐蚀的控制因素。例如，当 R 很小时，若 $p_c \gg p_a$，I_{corr} 主要取决于阴极极化率 p_c 的大小，称为阴极控制[图 7-6(a)]；反之，若 $p_a \gg p_c$，I_{corr} 主要取决于阳极极化率 p_a 的大小，称为阳极控制[图 7-6(b)]。如果 p_a 和 p_c 接近，同时决定锈蚀速率的大小，则称为混合控制[图 7-6(c)]。如果腐蚀系统的欧姆电阻很大，$R \gg (p_a+p_c)$，则腐蚀主要由电阻决定，称为欧姆控制[图 7-6(d)]。

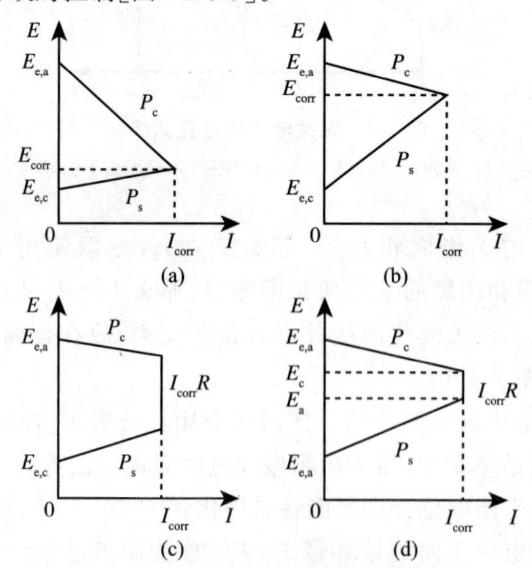

图 7-6 不同因素控制的腐蚀极化图

(a)阴极控制；(b)阳极控制；(c)混合控制；(d)电阻控制

7.3.2 钢筋的阴阳极极化曲线

(1)钢筋锈蚀的阴极极化曲线

混凝土中钢筋锈蚀的阴极极化全曲线如图 7-7 所示,它可以分成四个互相联系、不断变化的阶段。

①在 *OP* 曲线段,阴极过程由氧离子化反应速率所控制;

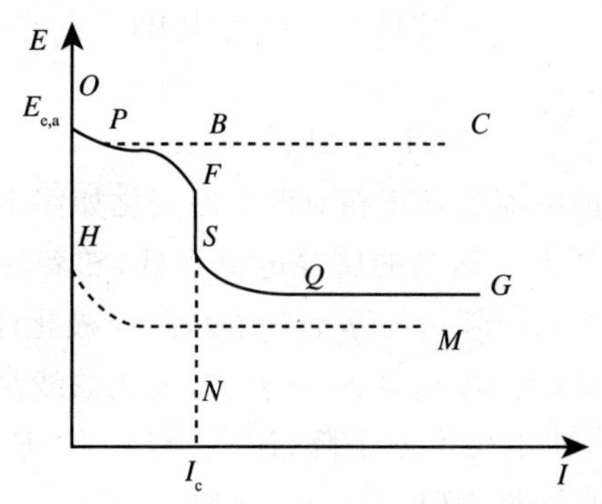

图 7-7 混凝土中钢筋锈蚀的阴极极化曲线示意图

②在曲线 *PF* 段,阴极过程的速率由氧的离子化反应和氧的扩散混合控制;

③在曲线 *FS* 段,阴极过程由氧的扩散过程所控制,此时阴极腐蚀电流密度等于氧的极限扩散电流密度 I_d;

④当阴极腐蚀电流密度等于氧扩散极限电流密度时,极化曲线将有着 *FSN* 的走向,但实际上当电位负到一定程度时,在电极上除了氧的还原外,还将有新的电极过程(一般是析氢反应)可以进行,阴极极化曲线将沿 *SQG* 进行。由于混凝土是一种碱性材料,混凝土中钢筋锈蚀一般不可能发生析氢反应,因此钢筋锈蚀的阴极极化曲线应只可能有 *OPFS* 曲线所示的三个部分。

(2)钝化钢筋的阴阳极极化曲线

普通混凝土的 pH 值为 13,在高碱性环境条件下,钢筋的表面形成一层钝化膜,此时钢筋的阴阳极极化曲线如图 7-8 所示。曲线 *A* 是混凝土中钢筋的阳极极化曲线,分为活化区、钝化区和过钝化区三个部分。曲线 *C* 是代表氧化还原反应的阴极极化曲线。在曲线 *A* 与曲线 *C* 的交点处,阳极反应和阴极反应的速率达到平衡,交点所对应的电位值和电流值即为 E_{corr} 和 I_{corr}。通常混凝土中的钢筋处于稳定状态,因为阴极曲线和阳极曲线的交点落在阳极曲线的钝化区,I_{corr} 很小,可以忽略不计。

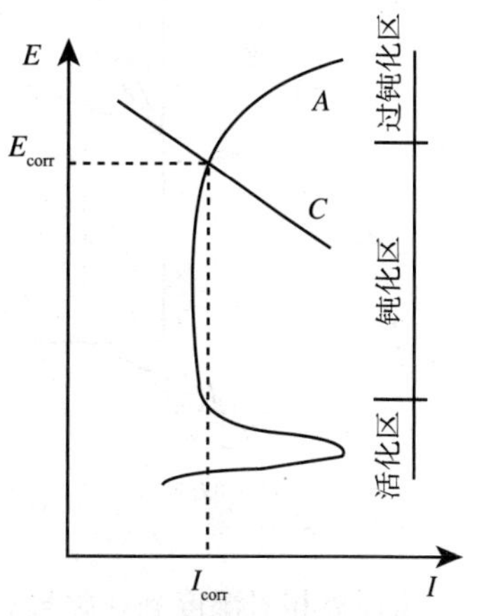

图 7-8 钝化钢筋的阴阳极极化曲线

7.3.3 混凝土中钢筋锈蚀过程的极化曲线变化机理分析

(1)锈蚀初期环境相对湿度对活化钢筋阴阳极极化曲线的影响

当碳化到钢筋表面或钢筋表面的氯离子达到临界浓度，钢筋表面的钝化膜被破坏，钢筋处于活化状态。此时尚未形成锈蚀层，氧是混凝土中钢筋锈蚀唯一的阴极去极化剂，其阴极反应为

$$4e+2H_2O+O_2 \rightarrow 4OH^-$$

阳极反应式为

$$2Fe \rightarrow 2Fe^{2+}+4e$$

锈蚀初期活化钢筋腐蚀电流随环境相对湿度的变化如图 7-9 所示。从图 7-9 中可以看出，在干燥的条件下，混凝土中钢筋的腐蚀电流很低，随着环境相对湿度的提高，钢筋锈蚀的阴极极化率逐步增大($p_{c1}<p_{c2}<p_{c3}<p_{c4}$)，阴极极化曲线从 C_1 到 C_4 转变，钢筋锈蚀的阳极极化率逐步降低($p_{a1}>p_{a2}>p_{a3}>p_{a4}$)，极化曲线从 A_1 到 A_4 转变，阴阳极极化曲线的交点逐步降低，腐蚀电位不断下降($E_{corr1}>E_{corr2}>E_{corr4}>E_{corr4}$)。腐蚀电流开始随着环境相对湿度的提高而增大($I_{corr1}<I_{corr2}<I_{corr3}<I_{corr4}$)，此时由于阳极极化率 p_a 远大于氧去极化的阴极极化率 p_c，钢筋的锈蚀过程受阳极反应控制。

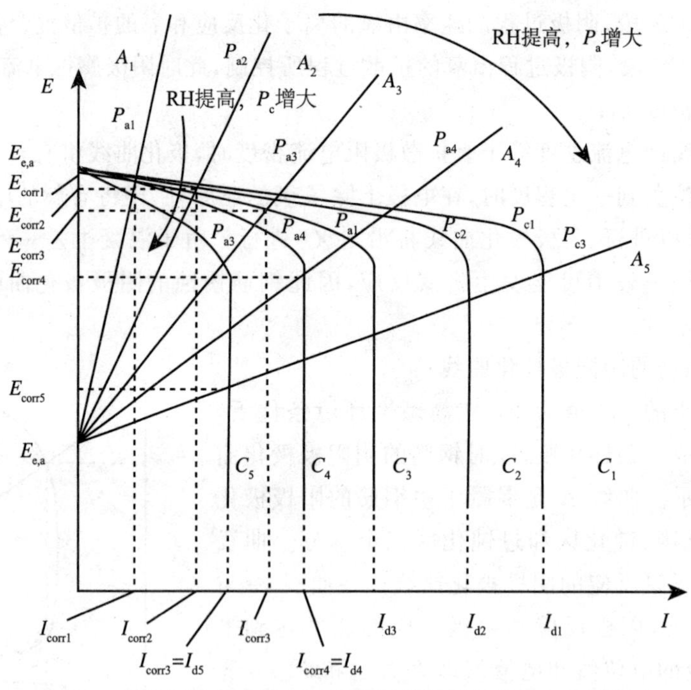

图 7-9 锈蚀初期相对湿度对活化钢筋阴阳极极化曲线的影响

当环境相对湿度到达临界相对湿度值 RH_{cr}，钢筋的腐蚀电流达到最大值 $I_{max}=I_{corr4}=I_{d4}$。随着环境相对湿度的进一步提高，氧去极化的阴极极化率 p_c 急剧增大，而阳极极化

率 p_a则不断降低，当阴极极化率 p_c增大至远大于阳极极化率 p_a时，钢筋的锈蚀过程主要由氧扩散控制。此时混凝土中钢筋的锈蚀速率随环境相对湿度的增大而降低($I_{corr4}=I_{d4}>I_{corr5}=I_{d5}$)，当混凝土完全饱水时钢筋的锈蚀速率达到最小值 I_{d5}。

(2)锈蚀产物生成后环境相对湿度对活化钢筋阴阳极极化曲线的影响

图 7-9 中的情况对于锈蚀初期(初始锈蚀产物的生成过程)是成立的，然而在钢筋表面生成锈蚀产物后，环境相对湿度对活化钢筋腐蚀电流的影响规律则发生了根本的变化。在钢筋表面生成锈蚀产物后，除了氧这一阴极去极化剂外，钢筋的锈蚀产物充当了新的强烈的阴极去极化剂，钢筋腐蚀电流随环境相对湿度的变化规律如图 7-10 所示。图 7-10 中氧去极化的阴极反应极化曲线为 C_1-C_3，和阳极极化曲线 A 的交点对应的自腐蚀电位为 E_{corr}，腐蚀电流为 I_{corr}。钢筋锈蚀产物去极化的阴极反应极化曲线为 C'_1-C'_3，阴极电极反应的平衡电位为 $E'_{e,c}$，和阳极极化曲线 A 的交点对应的自腐蚀电位为 E'_{corr}，腐蚀电流为 I'_{corr}，钢筋的总腐蚀电流为 I_{corr} 与 I'_{corr}之和。

在相对干燥的条件下，随着环境相对湿度的提高，钢筋锈蚀的阳极极化率逐步降低($p_{a1}>p_{a2}>p_{a3}$)，阳极极化曲线从 A_1 到 A_3 转变；氧去极化的阴极极化率逐步增大($p_{c1}<p_{c2}<p_{c3}$)，阴极极化曲线从 C_1 到 C_3 转变，与阳极极化曲线的交点逐步降低，腐蚀电位不断下降($E_{corr1}>E_{corr2}>E_{corr3}$)。氧去极化产生的腐蚀电流不断增大($I_{corr1}<I_{corr2}<I_{corr3}$)；钢筋锈蚀产物去极化的阴极极化率逐步降低($p'_{c1}>p'_{c2}>p'_{c3}$)，阴极极化曲线从 C_1'到 C_3'转变，与阳极极化曲线的交点(腐蚀电位)略有提高($E'_{corr1}<E'_{corr2}<E'_{corr3}$)，钢筋锈蚀产物去极化产生的腐蚀电流不断增大($I'_{corr1}<I'_{corr2}<I'_{corr3}$)，钢筋的总腐蚀电流不断增大，由于阳极极化率 p_a远大于氧去极化的阴极极化率 p_c和钢筋锈蚀产物去极化的阴极极化率 p'_c，钢筋的锈蚀过程受阳极反应控制。

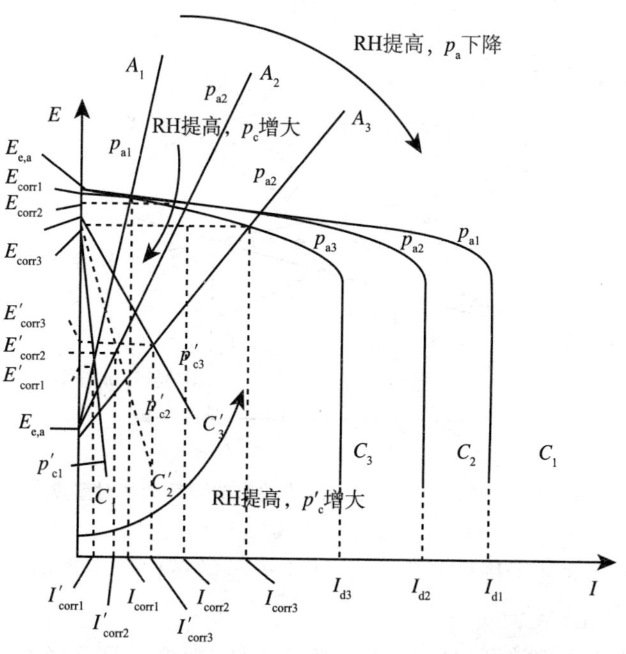

图 7-10　干燥条件下钢筋阴阳极极化曲线随环境相对湿度的变化规律

在环境相对湿度超过临界相对湿度后，随着环境相对湿度的提高，阳极极化率继续降低（$p_{a4}>p_{a5}$），阳极极化曲线从 A_4 向 A_5 转变，氧去极化的阴极极化率进一步增大（$p_{c4}<p_{c5}$），氧去极化的阴极极化曲线从 C_4 向 C_5 转变（图 7-10），氧去极化引起的腐蚀电流进一步降低，等于氧的极限扩散电流（$I_{corr3}=I_{d5}<I_{corr4}=I_{d4}$）。然而该反应的进行充分弥补了缺氧所引起的阴极极化，锈层的阴极去极化作用大大增强（$p'_{c4}>p'_{c5}$），极化曲线从 C'_4 向 C'_5 转变，锈层去极化引起的腐蚀电流不断提高（$I'_{corr4}<I'_{corr5}$），钢筋的总腐蚀电流 I_{corr} 也随之提高，在混凝土饱水时达到最大。在这一阶段，虽然氧去极化的阴极极化率 p_c 逐步达到远大于阳极极化率 p_a，但锈层去极化的阴极极化率 p'_c 始终保持和阳极极化率 p_a 同步降低，且近乎相等，钢筋的锈蚀过程受阴阳极反应共同控制。

如果混凝土长期处于饱水状态，钢筋腐蚀电流的变化规律如图 7-11 所示。此时可以作为阴极去极化剂的锈层成分将逐渐被耗尽，虽然阳极极化率 p_a 一直维持在较低的水平，但锈层的阴极去极化作用却大大降低（$p'_{c5}<p'_{c6}<p'_{c7}$），阴极极化曲线从 C'_5 到 C'_7 转变，锈层去极化引起的腐蚀电流急剧下降（$I'_{corr5}>I'_{corr6}>I'_{corr7}$），直至停止，钢筋的总腐蚀电流也随之大幅下降，直至等于饱水状态的氧的极限扩散电流 I_{d5}。由于阳极极化率 p_a 远小于氧去极化的阴极极化率 p_c 和钢筋锈蚀产物去极化的阴极极化率 p'_c，而锈层的去极化作用已经中止，钢筋的锈蚀过程受氧扩散控制。从以上分析可以看出，对于海工混凝土结构的水下区，如果建设时混凝土中钢筋表面没有锈蚀，虽然钢筋终将因氯盐的侵蚀而活化，但由于没有氧的供给，其腐蚀的阴极极化曲线如图 7-9 中的 C_5 所示，混凝土中的钢筋不会发生锈蚀。如果建设时混凝土中的钢筋已经锈蚀，虽然初期钢筋的锈蚀速率很大，其腐蚀的阴极极化曲线如图 7-11 中的 C'_5 所示，但作为阴极去极化剂的锈层成分很快就会被耗尽，腐蚀过程也将停止，其腐蚀的阴极极化曲线如图 7-12 中的 C'_7 所示。

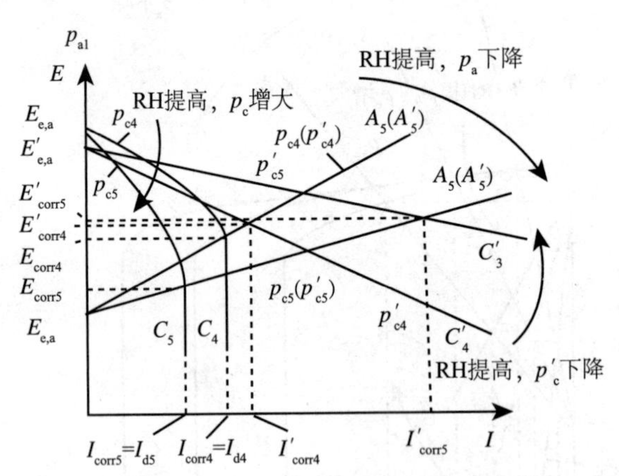

图 7-11　湿润条件下钢筋阴阳极极化曲线的影响随环境相对湿度的变化规律

用极化曲线图研究从干燥到长期饱水以及干湿循环作用下混凝土内钢筋的锈蚀机理，可以得出如下结论。

①氧仅是混凝土内钢筋开始的锈蚀的必备条件，钢筋一旦已经开始锈蚀（即有锈蚀

产物存在)，锈蚀产物中 FeOOH 可以取代氧成为钢筋锈蚀过程阴极反应的新的去极化剂，即使完全饱水，钢筋的锈蚀仍然可以继续进行。

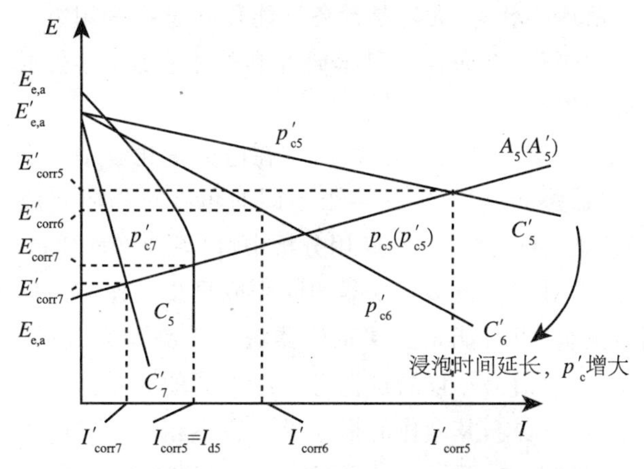

图 7-12　长期浸泡后的钢筋阴阳极极化曲线的变化规律

②混凝土中钢筋锈蚀过程包括阳极反应控制、阴极反应控制和阴阳极反应共同控制三种情况。钢筋锈蚀过程受氧扩散的阴极反应控制的情况仅仅发生在锈蚀产物尚未产生的混凝土湿润状态和可去极化的锈蚀产物耗尽的混凝土长期饱水状态的极端条件下。在正常使用条件下，氧扩散虽然是混凝土内钢筋锈蚀速率变化的一个影响因素，但却不是混凝土中钢筋锈蚀过程的控制因素。

③钢筋的总腐蚀电流为氧去极化产生的腐蚀电流和锈蚀产物去极化产生的腐蚀电流的加和，钢筋由于氧去极化产生的腐蚀电流随着环境相对湿度的提高而降低，由于锈蚀产物去极化产生的腐蚀电流随着环境相对湿度的提高而增大，钢筋的总腐蚀电流随着环境相对湿度的提高而增大。

④在饱水状态下，混凝土内钢筋的总腐蚀电流最大，但如果混凝土长期饱水，钢筋腐蚀将因为可以作为阴极去极化剂的锈层成分的逐渐耗尽而中止；干湿循环交替作用下，氧和锈蚀产物交替充当钢筋锈蚀反应阴极去极化剂，使钢筋的锈蚀速率一直处于较高的水平。

7.4　电化学工作站在土木工程中的应用

科学仪器是科学研究和技术发展的物质基础，科学仪器的研发和自主知识产权涉及国民经济长远发展。在分析化学中，仪器分析的重要发展趋势之一是借助计算机使设备智能化和实现多台设备联用，同时采集数据、分析数据。在仪器分析中，借助于计算机进行高智能和设备联用是重要的研究方向。计算机在分析化学中的广泛应用，提高了仪器的精度、灵敏度、稳定性和自动化程度。过去仪器中复杂烦琐的操作步骤，如工作状态参数的调整、调零、数据采集和存储，正越来越多地由计算机程序完成。目前国内使用的科学仪器大多数依赖进口，导致理论研究领域受限、应用研究成本偏高。国内电化学仪器开发目前仍处于比较落后的状态，尤其是设备智能化和设备联用方面。自主开发电化学工作站将推动科学仪器研发，进而推动科学研究和技术发展，有利于国民经济中自主知识产权的高技术比重的提高。

联用分析是仪器分析重要的发展方向之一，在电分析化学中也会经常使用。通过联用分析，多种或多个仪器协同测量，能从多个不同的角度对物质组成、含量、结构等做出揭示，如常用的气相色谱-质谱法等。在联用分析中，以下几方面要求由计算机协同完成。一是在联用分析中，通常对多种或多个仪器的同步或异步动作有时间上的要求。这一要求可能是精确的同步测量，也可能是要求某仪器做一组测量完成后，当某种条件发生时(如电压变化、颜色变化等)由另一仪器进行另一组不同的测量。二是多种或多个仪器可能来自不同的厂商或研究机构，其动作的指令通常各不相同。对联用分析中的多种或多个设备的控制中指令的复杂性，可以由计算机完成。三是不同的仪器产生的数据格式可能不同，数据的统一分析、处理、管理工作，可以由计算机完成。与人工操作相比.计算机对仪器的控制能做到在时间上更加精确，可重复性高。对于基于条件的测量，能做到对条件更好的量化。

土木工程材料是土木工程专业的一门专业课题，目的是使未来的建设工程师了解和掌握工程中常用材料的基本性能与应用方法，为今后工程实践或科研工作提供必要的基本知识和技能。作为一门专业基础课，土木工程材料课程在专业课程学习中起到了承上启下的作用，直接关系到后续学习。土木工程材料的前身是建筑材料。为适应工程建设需要，土木工程专业在专业调整时提出了“大土木工程”概念，主要涵盖了建筑工程、道路工程、桥梁工程、市政工程、隧道及地下工程、港口工程和水利水电工程等多个专业。这些细化后不同专业的建设材料基础都源于建筑工程材料，工程技术人员的材料知识基础也是建筑材料。只强调材料的生产工艺与性能，而忽略不同专业的材料应用需求，并不完全适合不同专业方向的学生培养。因此分析电化学对于不同土木工程材料方向的共性问题的解决十分必要。

7.4.1 电化学工作站对于土木工程材料的共性问题

随着工程实践的需要和科学技术的发展，土木工程学科已发展成为内涵广泛、门类众多、结构复杂的综合体系。其专业分支包括建筑与市政工程、道路与桥梁工程、隧道及地下工程、水利工程等。其中有些分支，如水利工程，由于自身工程对象的增多以及专有技术的发展，已从土木工程中分化出来，成为独立的学科体系，但是它们在很大程度上仍具有土木工程的学科共性。

(1)材料组成、性能与应用的关系

对于土木工程技术人员而言，正确选择与使用材料要求应理解和掌握材料的性能。材料的性能又取决于材料的组成与结构，材料的不同应用环境又决定了材料需要具备不同的组成与结构，以及材料组成结构、性能、应用三者的关系。材料的组成与结构内容包括以下方面。

①所用材料是有机材料还是金属材料，还是无机非金属材料。

②材料是晶体材料还是非晶体材料，以及材料的孔隙结构大小与类型等。这些组成与结构决定了材料强度大小、属于脆性材料还是韧性材料，其弹性模量如何，以及环境温度、湿度、化学侵蚀等对材料的结构与性能有无影响等。

③每一类土木工程都有自己特殊的环境因素，铁路与公路路基要考虑地下水与土壤中的温度变化与侵蚀性物质影响，隧道与地下结构的挖掘必须考虑岩石的稳定性与地下水的防排水，房屋建筑必须考虑居住与使用的舒适性和适用性。

④相同种类的工程，还必须考虑季节交替，是靠近海洋还是盐碱或沙漠等环境影响，任何工程都必须考虑材料的组成、结构与性能是否适应环境要求。

(2)材料强度的要求

不同土木工程对材料的共同要求还体现在所有工程中用到的材料都必须具备基本的强度要求。桥梁的桥墩、桥身，建筑工程中的梁、柱等结构构件要求其材料具有足够的抗压强度或抗折强度等，以承受结构荷载。房屋建筑中的墙体材料、桥梁上的栏杆等也需要足够高的强度，以承受自重或荷载。建筑装饰的涂料与基层之间、建筑保温系统中的各个构造之间、道路工程中的沥青路面与混凝土基层之间，都需要足够的黏结强度以保证材料间的相互协同作用。因此，具备适宜的强度是土木工程对材料的最基本要求，也是其共性问题。

(3)结构耐久性的要求

土木工程材料对耐久性的定义是在长期使用过程中，材料抵抗周围各种介质的侵蚀而不被破坏的能力。土木工程材料在使用过程中，除内在原因使其组成结构及性能发生变化以外，更多的是受到使用环境中各种因素的侵蚀作用，侵蚀作用包括物理、机械、化学作用和生物作用等，如金属材料因化学和电化学作用引起锈蚀，无机非金属材料因受到化学腐蚀、溶解、冻融、机械摩擦等因素的作用而引起开裂和剥落，有机材料因生物作用、化学腐蚀、光热作用等引起老化。不同材料受到环境作用的因素虽然各自不同，但都属于材料耐久性问题。因此，确保足够的耐久性，满足工程设计使用寿命的要求，是所有土木工程对材料的基本要求，也是共性问题之一。

(4)工程防水防潮的要求

结构的防水防潮一直是土木工程领域需要克服的重要技术难题之一。建筑工程出现渗水，会造成居住不便与环境质量的下降。隧道与地下工程渗水易诱发安全隐患，导致隧道与地下结构使用不便。结构内出现渗水返潮等问题，会对安装于其中的大型设备产生腐蚀，即使钢筋混凝土材料本身，也容易因水分渗透进入导致内部钢筋锈蚀，或被其他化学介质侵蚀破坏。因此，工程的防水抗渗问题也是所有土木工程面临的材料共性问题之一。

(5)不同土木工程的通用材料

虽然工程类型不同，使用环境不同，设计要求不同，但不同土木工程中所用的材料仍具有普遍的通用性。水泥混凝土、钢材是所有工程必不可少的结构承重材料,防水材料是所有类型工程都要选择使用的产品。按照化学成分来说,有机高分子材料中的塑料、橡胶和胶黏剂等,无机材料中的石材、水泥、石灰等,在各个土木工程领域都可能被用到。

7.4.2 不同土木工程专业对材料的个性要求

土木工程专业方向不同,其使用目的、结构特点、性能要求等不同,因而对工程材料要求也有所不同。本书总结了以下四种土木工程类型。

(1)建筑工程

建筑工程与人的关系最为密切,是人类生活、学习与工作最重要的空间结构,是人类社会生存与发展的最基本需求。工程所用材料的质量决定了建筑工程的质量,也决定了人的生活质量。一个民族、一个地区或一个国家的文化与艺术水平也可通过建筑的水平与风格得到体现,建筑工程中所用材料要能充分表达建筑设计的形状与颜色,装饰装修对材料性能与环保的要求也最为突出。近年来,随着经济与环境可持续发展,对建筑节能的要求越来越高,因此,保温绝热材料成为建筑工程中的主要选择。此外,吸声与隔声材料也是建筑工程中的专用材料之一。

(2)水利工程

人类通过修建水利工程,达到控制水流、防止洪涝灾害,并进行水量的调节和分配以满足人们生活和生产对水资源的需要。水利工程需要修建坝、堤、溢洪道、水闸等不同类型的水工建筑物,以实现其目标。水利工程最主要的特点是结构体量大,修建周期长,安全性要求高,使用寿命也要长,这些都是水利工程在选用材料时必须考虑的。水利工程所用结构材料主要是低热水泥、中热水泥,以及专门的水工混凝土等。

(3)隧道与地下工程

隧道与地下工程包括交通运输的隧道,军事工程的各种国防坑道,市政、采矿、储存和生产等用途的地下工程,地下发电厂房以及各种水工隧洞等。因为这些工程是在岩体或土层中修建,施工过程中岩体或土层的稳定性对施工进度与施工安全至关重要,因此,注浆、支护、锚固等材料成为隧道与地下工程中的专用材料。

(4)道路工程

道路工程在建设与使用过程中,路基应稳定、密实以对路面结构提供支撑,要考虑其变形、耐水性与稳定性的协调,垫层与基层应具有足够的抗冲刷能力和适当的刚度,刚度过大过小都不行。道路路面材料要考虑耐磨、抗滑与平整,设计要考虑抗弯折荷载与变形,还要考虑汽车行驶的安全性与舒适性。不同的路基、不同结构部位所用材料皆不同。工程用土、沥青混合料、道路混凝土等可看作是道路工程的专用材料。

随着经济的飞速发展,人民生活水平的提高,人们对清洁能源的需求越来越迫切,电作为主要的清洁能源为我们人类生活、工作与学习提供了极其重要的基础。被用来发电的常用能源有煤炭、天然气、太阳能、风能与生物质。上述能源中,占据比例最大的能源是煤炭和天然气。在将煤炭或天然气的化学能转化为热能,然后将热能转化为电能,在将化学能转化为热能的过程中，需要将煤炭充分燃烧，然后通过加热系统，将处理后的水转化为过热蒸汽，过热蒸汽推动与发电机连接在一起的汽轮机运动，产生电能。因此在火力发电或燃气发电厂，水作为一个重要的传递能量载体发挥着巨大的作用，但是高温高压蒸汽会对输送水蒸气的设备产生一定的腐蚀作用。

①腐蚀与防护的研究。

龙晋明等利用电化学工作站进行了钢铁的腐蚀实验。该实验使用浸泡失重和极化曲线两种方法来表征金属腐蚀的基本特性，分别做出由浸泡失重法得到的腐蚀速率-浓度曲线和由极化曲线法得到的阳极极化曲线。比较腐蚀速率-浓度曲线与阳极极化曲线，阳极极化曲线表现出的自钝化特点与腐蚀速率的变化相互印证，说明极化曲线可以用来比较金属腐蚀速率的大小，即电化学极化曲线法在防腐方面有着重要的用途。电化学工作站可以用来进行金属防护方面的研究。使用电化学工作站得到金属的电化学性能从而可以判定出向电解质体系中加入哪种缓蚀剂能够使得缓蚀效果最好，抑或是向金属表面镀上哪种材料可以使得金属更不易被腐蚀。使用电化学工作站来研究腐蚀行为或者防腐方法逐渐取代了一些传统的测试方法，由于电化学工作站以自动化的方式处理数据，使得人的工作量减小。

②功能材料的研究。

近年来，一些功能材料具有广阔的应用前景而引起了研究人员的极大关注。电致变色材料具有优异性能和节能环保特征，符合未来智能材料的发展趋势，是一些研究人员的主要课题。通过电化学工作站可以方便地得到电致变色材料的优异性能和节能环保特征。使用电化学工作站测得材料的循环伏安曲线，若是循环伏安曲线重现性很好，说明该材料具有良好的稳定性、可逆性和较长的使用寿命。涂茜通过电化学工作站的循环伏安检测出在系列 10-N 上取代的吩噻嗪衍生物的电化学性能，从试验的循环伏安曲线看出，此物质有望作为环境友好的阳极电致变色材料广泛应用于器件中。超疏水材料在防腐、自清洁、抗氧化等方面具有广阔的应用前景。李娟利用电化学工作站对超疏水膜耐腐蚀性能进行了表征，极化曲线结果表明，超疏水膜的形成对溶液中的腐蚀介质起到了物理隔离的作用。随着石油勘探开发活动的增多，所生产油田废水随之增加，油田含油污水矿化度高，又不同程度地溶解了硫化氢、二氧化碳等酸性气体，大量化学处理药剂，对油田处理设施、回注系统产生强腐蚀性。生物膜电极法采用电极完全浸没在污水中的方法，使微生物以固定生物膜的形态附着于电极表面，与所需净化的污水相接触，从而对水中有机污染物进行降解与转化。为防止电极被污水腐蚀，需要找出抗腐蚀性能良好的电极，采用电化学工作站能够比较一些材料的电化学性能和抗腐蚀性能的差异，从而可以选择出性能较佳的一种电极材料作为油田污水处理电极。

③电镀研究。

利用电化学工作站进行电偶电流测试是研究金属沉积速度的一种非常方便的方法。刘雪华等使用电化学工作站测试出浸镀过程电偶电流曲线，电偶电流曲线上的电偶电流的大小实际上反映的是瞬间的沉积速度，由于浸镀过程的置换反应是在镀体表面进行的，该表面一旦被溶液中析出的镀层所覆盖，后续的置换反应随即受到抑制。如果生成的镀层金属本身不具有自催化性，或者镀液中不能提供反应所需的电子，在不添加还原剂的镀液中，镀层越致密，后续的置换反应就越困难，相应的电偶电流也越小；若镀层粗糙且疏松，则为后续铜和锡间置换反应留下大量的孔隙，电偶电流相应地维持在较高的水平。因此电化学工作站对于电镀研究过程中的镀层的优劣可以有个非常准确的表征。镀层耐腐蚀性能研究也是电化学工作站在电镀研究上的应用，通过极化曲线，交流阻抗和电化学噪声等方法，可以研究镀层的耐腐蚀性能，当然也可以和添加剂的使用联系起来。在应用电化学工作站时，常见的分析手段如下。

一是线性极化法(线性扫描法)。线性极化法可以用来研究添加剂对镀层质量的影响，比如当极化加强时，镀层一般可以得到细化。

二是循环伏安法。循环伏安法可以用来研究合金或多组分电镀时，如何控制不同成分的沉积量。通过不同的添加剂或者调整添加剂的用量，在循环伏安曲线上可以看到氧化还原电位的移动(还原电位即为沉积电位)。

三是交流阻抗/微分电容曲线法。通过分析电容变化曲线，了解添加剂对吸附大小的影响，吸附越大时，镀层的平整性就越好。微分电容曲线在电化学工作站中由电位扫描交流阻抗方法测量得到。交流阻抗是研究电极表面吸附的常用方法，这是因为添加剂在电极表面吸附量的大小可以很直观地从阻抗/电容曲线上看出来。

四是旋转圆盘电极法。旋转圆盘电极可以通过增加转速来增加稳态扩散层和稳态电流密度。由于液态传质速度控制的电流与转速(的平方根)成正比，因此可以利用根据二者关系绘制的直线的斜率来估计反应电子数。这个方法通常用来研究电镀整平剂和光亮剂。与一般由扩散控制的电极过程相反，在这种体系中电流密度随电极旋转速度增加而减小，这说明电极反应速度是由阻化剂扩散达到电极表面的速度所控制的。因此使用旋转圆盘电极，利用电流-转速关系曲线，找到不同浓度下的曲线斜率，确定最大斜率下添加剂的浓度，能够得到较好的整平和光亮效果。

第八章　核磁共振的测试方法

8.1　核磁共振的工作原理

核磁共振测试时，对主磁场施加一定频率的射频脉冲使样品中的自旋氢核从低能态跃迁至高能态。射频脉冲停止后，在主磁场的作用下，横向宏观磁化矢量逐渐缩小到0，纵向宏观磁化矢量从0逐渐回到平衡状态，这个过程称为核磁弛豫。核磁弛豫又可分解为两个部分：纵向弛豫和横向弛豫。由于纵向弛豫测量时间很长，在试验中常采用横向弛豫来研究试样内部的孔隙结构特征。不同相态及不同结合形式的氢核一般有不同的弛豫机制。氢核的横向弛豫时间与其所处的物化环境密切相关，其信号主峰将出现在横向弛豫时间谱不同的时间段。一般物质的横向弛豫时间在液态下远大于固态下，自由态下远大于结合或束缚态下。利用横向弛豫时间谱可以区分自由水与结合水，这是利用核磁共振技术研究混凝土孔隙的理论基础。

低场核磁共振技术测孔法采用固体孔隙结构中水分子氢核的弛豫时间分布推断多孔固体的孔隙分布。采用Carr-Purcell-Meiboom-Gill(CPMG)脉冲序列可获得核磁信号随时间的变化CPMG曲线。对CPMG曲线进行反演可以确定水中氢核在孔隙中的横向弛豫时间的大小及其分布，磷酸镁混凝土中孔隙水的横向弛豫时间(T_2)可表示为：

$$\frac{1}{T_2}=\frac{1}{T_{2B}}+\frac{1}{T_{2C}}+\frac{1}{T_{2D}} \tag{8.1}$$

式中：T_2为横向弛豫时间，ms，主要取决于孔隙大小；T_{2B}为体积流体弛豫时间，ms；T_{2C}为表面弛豫时间，ms；T_{2D}为梯度磁场下扩散引起的孔隙流体的弛豫时间，ms。

T_{2B}、T_{2D}与T_{2C}相比大几个数量级，因此$1/T_{2B}$、$1/T_{2D}$对T_2的影响可以忽略不计，所以磷酸镁混凝土中的横向弛豫时间T_2与混凝土内部孔隙结构相关：

$$\frac{1}{T_2}\approx\frac{1}{T_{2C}}=\rho_2\ \frac{\alpha}{R} \tag{8.2}$$

式中：α为孔隙形状因子，对于平面、圆柱形和球形分别取1、2、3；ρ_2为横向弛豫率，μm/s；R为磷酸镁混凝土孔隙半径，μm。

将式(8.2)简化为：

$$R = 2\rho_2 T_2 \tag{8.3}$$

式(8.3)表明:磷酸镁混凝土的孔隙半径和孔隙水的横向弛豫时间成正比。核磁共振的信号强度来源于氢质子,自然界中水为氢质子最多的一种物质,氢质子越多,信号强度越大,孔隙率越大,孔越多。

Mindess 和 Mehta 等提出硬化水泥浆体中孔径尺寸范围在 1～10 nm 内的孔为凝胶孔,10～50 nm 的孔为毛细孔。Jennings 在关于凝胶的模型中提出 3～12 nm 的孔为大凝胶孔。余红发提出混凝土孔隙一般按照孔隙孔径大小分为四类:凝胶孔(<10 nm),过度孔(10～100 nm),毛细孔(100～1 000 nm)和大孔(>1 000 nm)。本书综合已有学者的观点将孔隙划分为微孔(<0.25 μm)、细孔(0.25～0.63 μm)、小孔(0.63～1.60 μm)、中孔(1.60～4.00 μm)、大孔(4.00～25.00 μm)。

8.2 核磁共振在土木工程检测中的应用

8.2.1 不同镁磷比的核磁分析

镁磷比(M/P)的改变对磷酸镁混凝土的孔结构产生重要的影响,通过图 8-1 可以看出,M/P=2.5 时呈现单峰,只出现细小孔,弛豫时间较短,信号强度低,表明磷酸镁混凝土的孔径小,孔隙率低,结构较为密实;相比 M/P=2.5 时,M/P=3.0 的弛豫时间推后,信号强度增强,说明孔径、孔隙率均增大,在 M/P=4.0 与 M/P=1.5 时呈双峰,开始出现中大孔,M/P 过大和过小会对中大孔的孔径有显著的影响,孔径逐渐增大,相比 M/P=2.5 时,弛豫时间推后,信号强度增强,表明磷酸镁混凝土的孔径与孔隙率均增大。由图 8-2 可以看出磷酸镁混凝土孔径分布的差异,M/P=3.0 时,微孔和细孔占比大,分别为

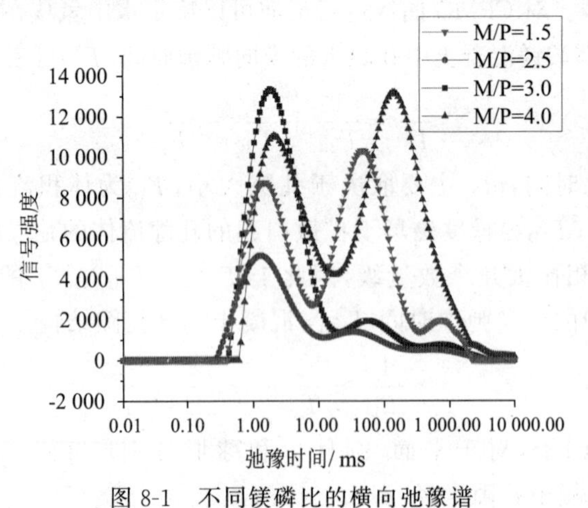

图 8-1 不同镁磷比的横向弛豫谱

2.33%、1.26%，M/P=4.0 时大孔占比为2.22%，M/P=1.5 时微孔占比 1.51%，大孔占比 1.61%，占比较大，M/P=2.5 时微孔和细孔占比分别为 2.06%、0.66%，随着 M/P 的增大微孔、细孔先增后减，中孔、大孔先减后增，小孔无明显差异。

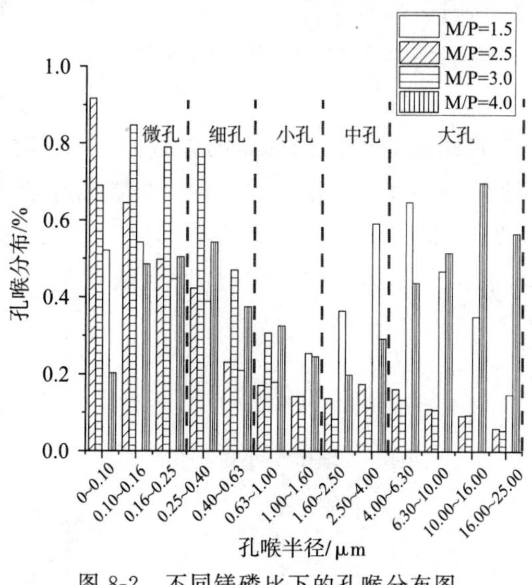

图 8-2　不同镁磷比下的孔喉分布图

8.2.2　不同硼砂掺量的核磁分析

硼砂(B)掺量的多少对磷酸镁混凝土的孔结构产生重要的影响，通过图 8-3 可以看出，不同 B 掺量下均呈现主峰明显，次锋较低变化不明显，说明在 B 掺量下磷酸镁混凝土孔结构主要集中在细孔、微孔，B 掺量为 15%时，弛豫时间最短，信号强度最低，表明磷酸镁混凝土的孔径最小，孔隙率最低，结构较密实。当 B 掺量为 5%时，次峰最高，说明孔径

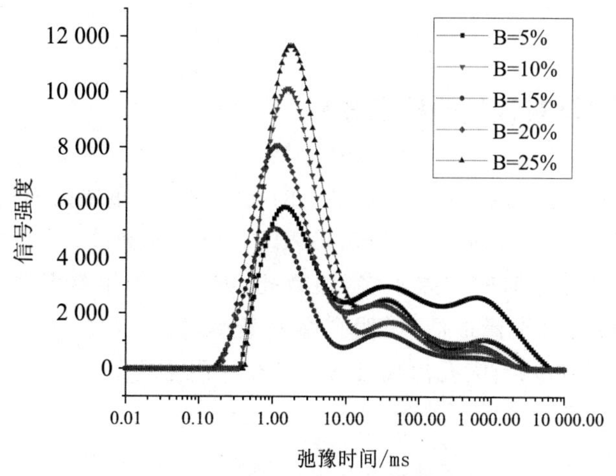

图 8-3　不同硼砂掺量下的核磁图

最大，密实度较差，主峰相比 B 掺量 15%而言，弛豫时间推迟，说明孔径逐渐变大，信号强度相差不多，孔隙率影响不大，相比 B=5%当 B 掺量为 10%时，弛豫时间无明显差异，主峰信号强度增加，次峰信号强度减弱，说明大孔径变少小孔径增加。当 B 掺量为 20%时，相比 B=15%时，弛豫时间延迟，信号增强，当 B=25%时，弛豫时间延迟最大，主峰信号最强，次峰信号有所增加，说明随着 B 掺量的增加，孔径由大变小再变大，孔隙率由大变小再增大。

由图 8-4 可以看出磷酸镁混凝土孔径分布的差异，B=5%时，微孔、大孔占比较多，占比分别为 1.38%、0.79%，B=10%、B=15%时，主要集中在微孔，占比为 2.36%、2.26%，B=20%时，微孔和细孔占比较多，分别为 2.29%、0.94%，B=25%时，微孔和细孔占比增大，分别为 2.16%、1.05%。随着 B 掺量的增大微孔先增后减，小孔、中孔占比较少，主要集中在微孔、细孔。

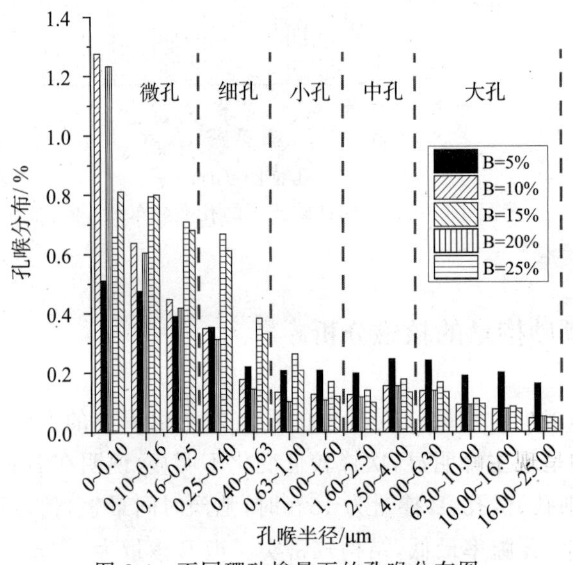

图 8-4　不同硼砂掺量下的孔喉分布图

8.2.3　不同粉煤灰掺量的核磁分析

粉煤灰（FA）掺量的多少对磷酸镁混凝土的孔结构产生重要的影响，通过图 8-5 可以看出，不同 FA 掺量下主要呈现单峰，说明掺入 FA 可填充裂缝，只出现微孔、细孔，各种掺量下主峰所对应的弛豫时间相差不多，即微孔、细孔孔径相差不多，基本在 3%左右，FA=15%时，峰值最低，次锋最低，说明孔隙率最小，FA=5%、FA=10%、FA=20%、FA=25%时，次峰明显，均有大孔出现，FA=25%时孔径最大。

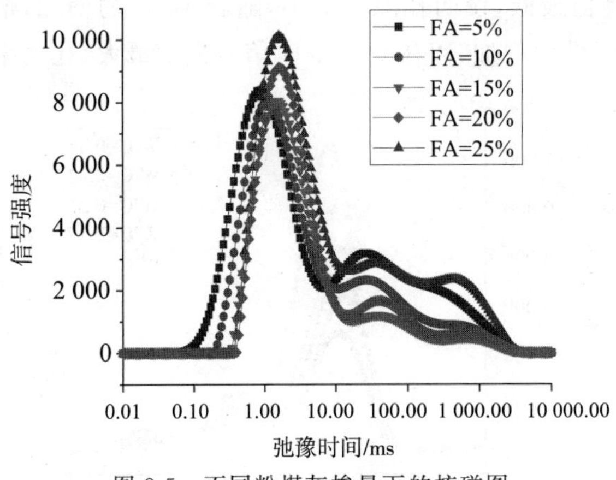

图 8-5　不同粉煤灰掺量下的核磁图

由图 8-6 可以看出磷酸镁混凝土孔径分布的差异，FA＝5％时，微细孔和中大孔占比较多，占比分别为 2.93％、1.07％；FA＝15％时，主要集中在微细孔，占比为3.09％，中大孔占比最少为 0.5％；FA＝25％、FA＝10％时，微细孔占比较多，分别为2.95％、2.80％，中大孔占比居中。随着 FA 掺量的增大，中孔、大孔先减小后增大，微细孔、小孔占比相当，充分说明 FA 具有火山灰效应和填充效应，进一步说明 FA＝15％时孔径较小。

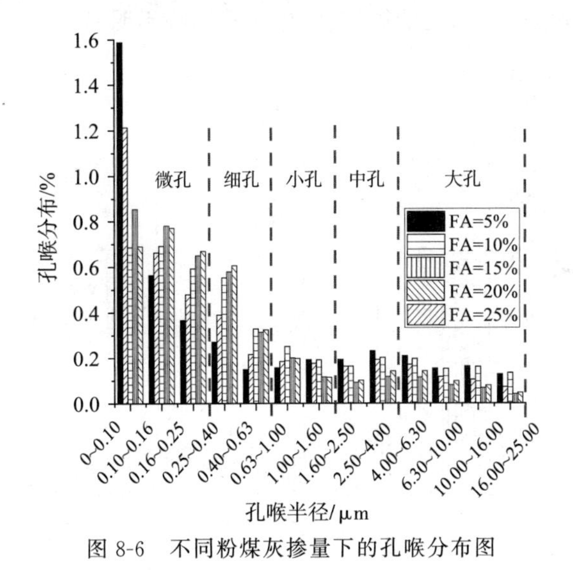

图 8-6　不同粉煤灰掺量下的孔喉分布图

8.2.4　不同水灰比的核磁分析

水灰比（W/C）的大小对磷酸镁混凝土的孔结构产生重要的影响，通过图 8-7 可以看出，不同 W/C 下主要呈现单峰，只出现微细孔，各种 W/C 主峰所对应的弛豫时间相差不多，即微孔和细孔孔径相差不多，基本在 2.8％左右，中孔和大孔占比较少，都在 0.6％左右，W/C=0.35 时，峰值最低，说明孔隙率最小，随着 W/C 的增加，信号强度先减小后增加，相应的孔隙率先降低后增加，W/C=0.39 时信号强度最大，孔隙率最大。

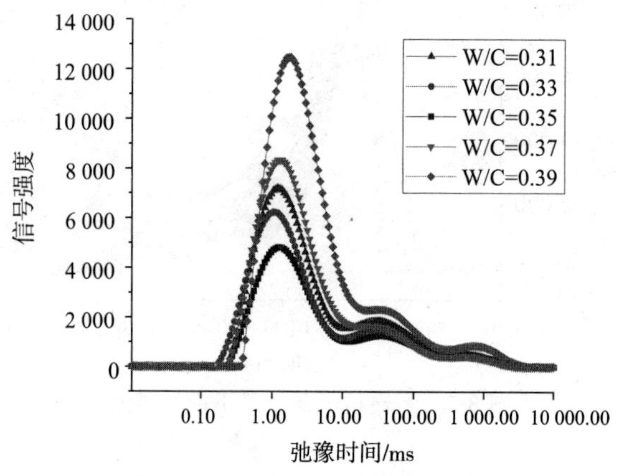

图 8-7　不同水灰比下的核磁图

由图 8-8 可以看出磷酸镁混凝土孔径分布的差异，不同 W/C 下主要集中在微细孔，随着 W/C 的增大，微细孔先减小后增大，W/C=0.39 时微细孔的占比最大为3.43%；W/C=0.35 时微细孔的占比为 2.86%，中大孔占比不多，集中在 0.68%左右。这说明W/C主要影响磷酸镁混凝土结构的微细孔，中大孔影响不明显。

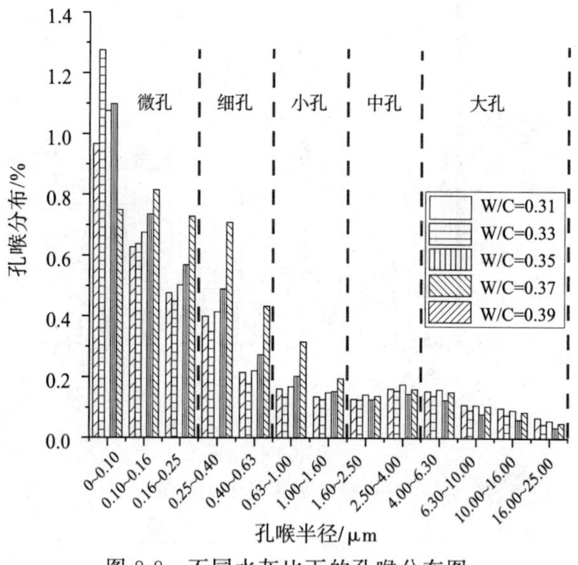

图 8-8　不同水灰比下的孔喉分布图

8.2.5　不同骨胶比的核磁分析

骨胶比[(S+G)/C]的大小对磷酸镁混凝土的孔结构产生重要的影响，通过图 8-9 可以看出，不同(S+G)/C下主要呈现单峰，只出现微细孔，各种(S+G)/C主峰所对应的弛豫时间相差不多，即微细孔孔径相差不多，主要集中在微细孔，(S+G)/C=3.5时主峰峰值最高，微细孔的孔隙率最大，(S+G)/C=4.0时次锋的峰值最高，中大孔最多，(S+G)/C=3.0时主峰和次锋均较低，说明孔隙率最低。

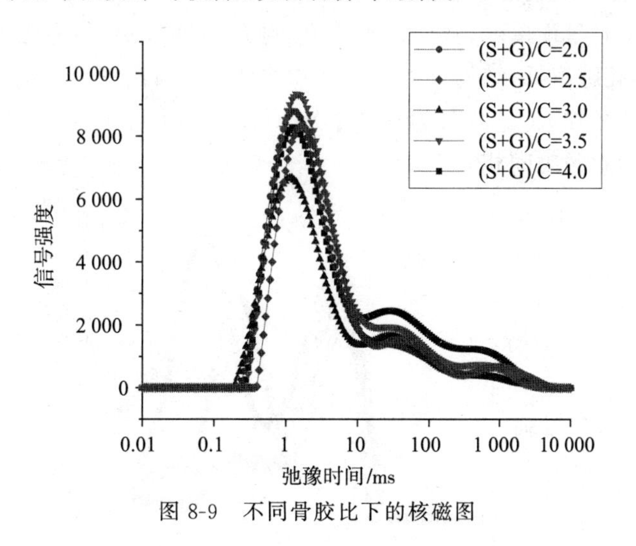

图 8-9　不同骨胶比下的核磁图

由图8-10看出磷酸镁混凝土孔径分布的差异，不同(S+G)/C下主要集中在微细孔，(S+G)/C=3.0时微细孔和中大孔均较低，占比分别为2.99%、0.65%，(S+G)/C<3.0时中大孔占比不多，在0.6%左右，(S+G)/C>3.0时中大孔占比逐渐增多。这说明(S+G)/C不仅影响磷酸镁混凝土结构的微细孔，同时影响结构的中大孔。

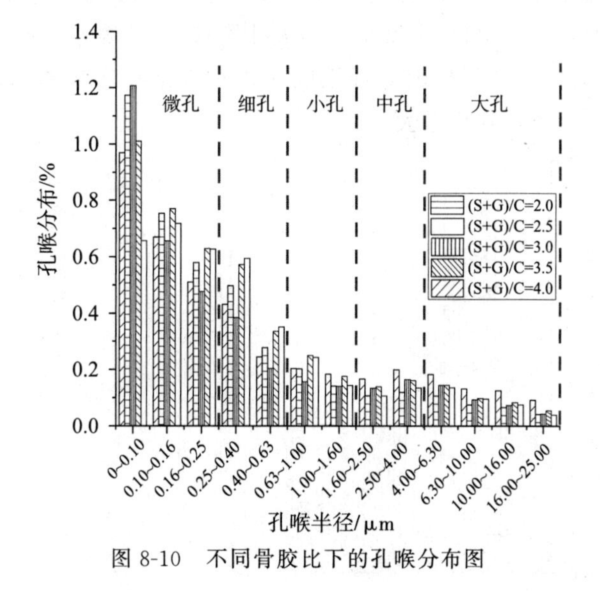

图 8-10　不同骨胶比下的孔喉分布图

8.2.6 不同聚丙烯掺量的核磁分析

聚丙烯(J)掺量的改变对磷酸镁混凝土的孔结构产生重要的影响，通过图 8-11 可以看出，J 掺量为 1.1 时呈现单峰，只出现细小孔，弛豫时间较短，信号强度低，表明磷酸镁混凝土的孔径小，孔隙率低，结构较为密实；J 掺量为 1.1 时出现明显的双峰，说明孔隙率增大，结构疏松，孔径加大。J 掺量为 1.1 时次锋最低，中大孔最少，主要集中在微细孔，J 掺量下主峰峰值的弛豫时间相差不多。

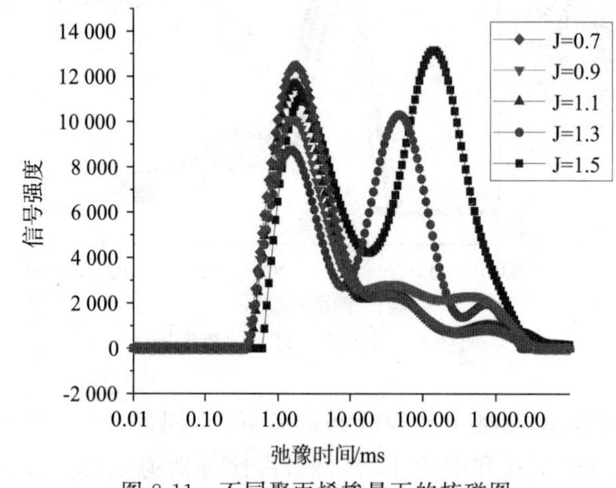

图 8-11 不同聚丙烯掺量下的核磁图

由图 8-12 可以看出磷酸镁混凝土孔径分布的差异，随着 J 掺量的增加，总体上微细孔呈减小趋势，中大孔增幅明显，由微小孔向大孔转移，总孔隙率先减小后增大，J 掺量为 1.1 时对应的孔隙率最小，说明聚丙烯纤维的加入对细微孔影响不大，加大 J 掺量，对中大孔影响较明显，反而使孔隙率增大。

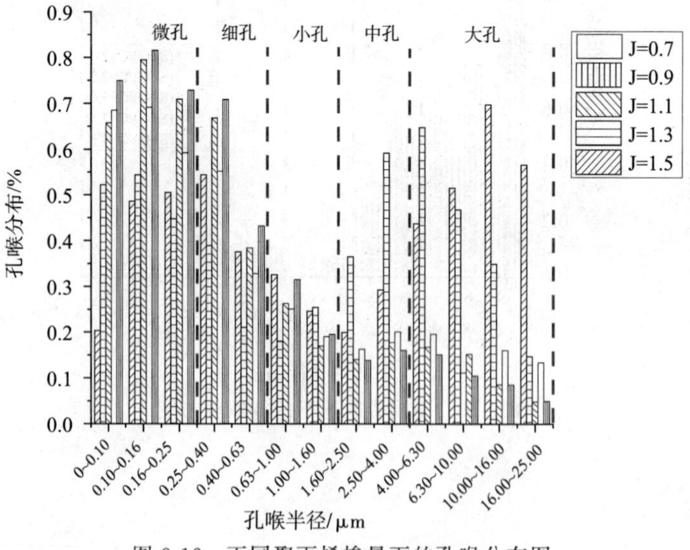

图 8-12 不同聚丙烯掺量下的孔喉分布图

8.2.7 不同硅掺量的核磁分析

硅掺量的多少对磷酸镁混凝土的孔结构产生重要的影响，通过图 8-13 可以看出，不同硅掺量下主要呈现单峰，说明掺入硅可填充裂缝，只出现微细孔，各种硅掺量下主峰所对应的弛豫时间相差不多，即微细孔孔径相差不多，随着硅掺量的增加中大孔表现为先降后增的趋势，硅掺量为 1%时，峰值最低，次锋最低，说明孔隙率最小。

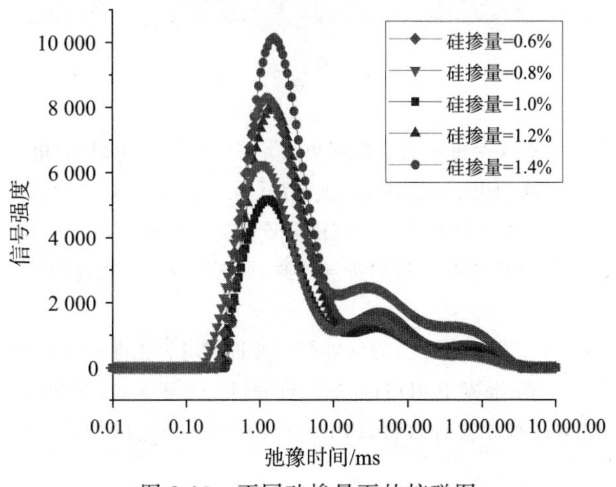

图 8-13 不同硅掺量下的核磁图

由图 8-14 可以看出磷酸镁混凝土孔径分布的差异，硅掺量为 1.0%时，微细孔占比较多，中大孔占比较少，占比分别为 3.38%、0.58%，随着硅掺量的增加，微细孔先增加再降低，小孔相差不多，中大孔先降低后增加，总孔隙率先降低后增加，说明硅的掺入对磷酸镁混凝土的结构起到显著的细化和均匀作用。

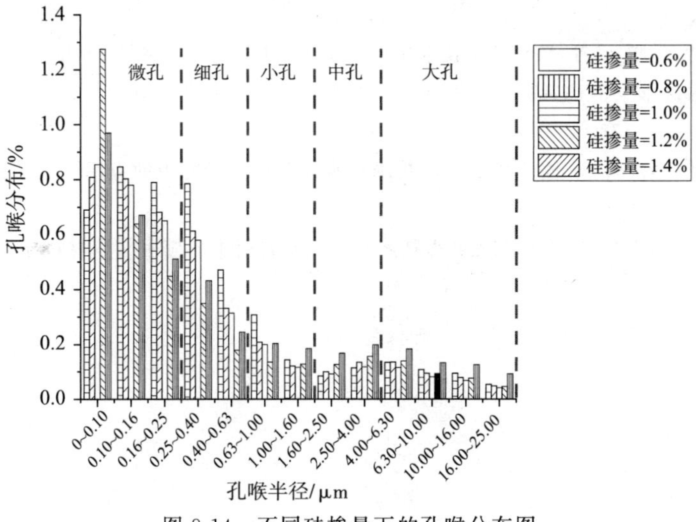

图 8-14 不同硅掺量下的孔喉分布图

参考文献

[1] 袁庆帆. 从建筑材料的发展浅谈世界建筑发展史[J]. 城市建设理论研究(电子版)，2018(7)：21.
[2] 张添瑞. 新型土木工程材料的类别、应用及发展趋势[J]. 新材料·新装饰，2019,1(3)：27-28.
[3] 刘淏田，范家东. 磷酸镁水泥的研究进展及应用前景[J]. 材料科学，2022，12(5)：539-544.
[4] 胡捷，王艳，张少辉，等. 镁质胶凝材料制备与分类、水化机理及耐久性能[J]. 矿业科学学报，2023，8(6)：856-867.
[5] 史庆轩，万胜木. 3D打印混凝土工作及力学性能研究进展[J]. 工业建筑，2022，52(5)：208-218.
[6] 张超，邓智聪，侯泽宇，等. 混凝土3D打印研究进展[J]. 工业建筑，2020，50(8)：16-21.
[7] 孙权伟，汤凯菱，王梦稷. 纤维复合材料(FPR)在锚杆领域的应用研究进展[J]. 土木工程，2023，12(6)：882-888.
[8] 沙云东，丁光耀，田建光，等. 纤维增强复合材料力学性能预测及试验验证[J]. 航空动力学报，2018，33(10)：2324-2332.
[9] 王春燕，王福合. X射线的发现及其早期研究[J]. 现代物理知识，2017，29(1)：30-34.
[10] 廖世杰，曹国辉，王礼彬，等.腐蚀与荷载耦合作用下混凝土柱徐变机理研究[J]. 湖南城市学院学报(自然科学版)，2023，32(1)：1-5.
[11] 马世豪，李伟华，郑海兵，等.钢筋阻锈剂的阻锈机理及性能评价的研究进展[J]. 腐蚀与防护，2017，38(12)：963-968.
[12] 魏剑，韩建德，王曙光，等，核磁共振技术在水泥基材料中的应用进展[J].混凝土，2015(1)：48-53.
[13] 肖建敏，范海宏.固体核磁共振技术在水泥及其水化产物研究中的应用[J].材料科学与工程学报，2016，34(1)：166-172.
[14] 王可，张英华，李雨晴，等.固体核磁共振技术在水泥基材料研究中的应用[J]. 波谱学杂志，2020，37(1)：40-51.
[15] 李春景，孙振平，李奇，等.低场核磁共振技术在水泥基材料中的应用[J]. 材料导报，2016，30(13)：133-138.